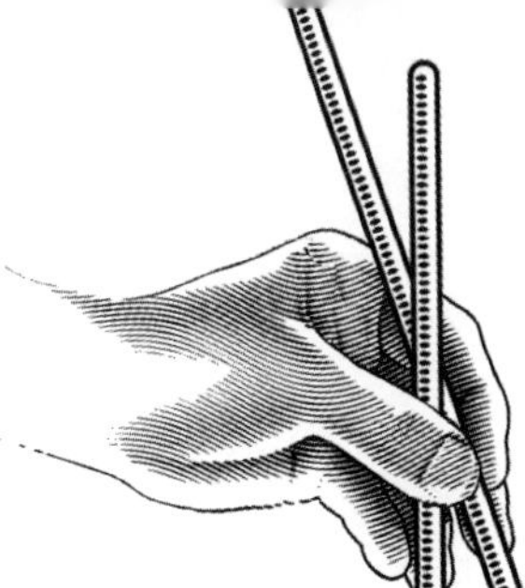

刻意选择

学会用左手吃饭

[美] 罗希特·巴尔加瓦（Rohit Bhargava）著
刘文静 译

中信出版集团 · 北京

图书在版编目（CIP）数据

刻意选择：学会用左手吃饭 /（美）罗希特·巴尔加瓦著 . 刘文静译 . -- 北京：中信出版社，2019.1

书名原文：Always Eat Left Handed:15 Surprising Secrets for Killing It at Work and in Real Life

ISBN 978-7-5086-9504-4

Ⅰ . ①刻… Ⅱ . ①罗… 刘… Ⅲ . ①成功心理—通俗读物 Ⅳ . ① B848.4-49

中国版本图书馆 CIP 数据核字（2018）第 218831 号

刻意选择：学会用左手吃饭

著　　者：[美] 罗希特 · 巴尔加瓦
译　　者：刘文静
出版发行：中信出版集团股份有限公司
（北京市朝阳区惠新东街甲 4 号富盛大厦 2 座　邮编　100029）
承 印 者：北京楠萍印刷有限公司

开　　本：880mm×1230mm　1/32　　印　　张：5.75　　字　　数：104 千字
版　　次：2019 年 1 月第 1 版　　印　　次：2019 年 1 月第 1 次印刷
京权图字：01-2018-6663　　广告经营许可证：京朝工商广字第 8087 号
书　　号：ISBN 978-7-5086-9504-4
定　　价：42.00 元

如果幽默会传染，那么罗希特的这本书极易使人成瘾。书中不乏风趣、有见地、令人意想不到的内容。这是今年我读过最有趣的“商业书”。这本书让我再次思考“塞翁失马，焉知非福”的寓意。

——丹·罗姆（Dan Roam），

《一页纸创意思考术》（*Draw to Win*）作者

大多数的励志书要么非常无聊且没用，要么就是给出的建议相当陈旧，还停留在20世纪90年代。但这本书完全不同。这是一本充满了独到的见解，并且幽默机智、寓教于乐的励志书，它与当下职场人和求职者的需求息息相关。

——多利·克拉克（Dorie Clark），

《深潜：10步重塑你的个人品牌》（*Reinventing You*）作者，

杜克大学福库商学院兼职教授

你是否想过如何去建立一个良好的人际关系网？对于此书的推荐，并非超出实际的大肆宣传，它提供了一个独特、有效的方法，指导读者更多地接触周围优秀的人，并与他们建立一定联系，创建一个梦寐以求的人际关系网。

——克拉拉·希（Clara Shin），

传闻系统（Hearsay Systems）创始人、首席执行官，

星巴克董事会董事

《刻意选择》这本书针对人们日常工作生活中容易被忽视的细节，内容浅显易懂，所提建议也较容易付诸实践。这本书不仅适合各个领域和不同年龄段的读者，也适合对现在社会有诸多不满的年青的一代，他们通常很难听进去相关的建议。但是罗希特以他独特的视角，向读者描述了一些看似微小的改变是如何给我们的生活和工作带来巨大变化的！

——加布里埃·米拉贝利（Gabriella Mirabelli），
解剖传媒（Anatomy Media）首席执行官，
Up Next 播客主持人

无论你是刚入职的菜鸟，还是正在经历职业瓶颈期，这本书对你来说将意义非凡！它给我们上的美妙的第一课是，你每天做出的看似微不足道的选择，其实比你想象中更重要。这本书看似内容精简，但功能强大，它将帮助你在生活和工作中突破重重阻碍，脱颖而出，进而获得成功。

——格洛丽亚·贝尔（Gloria Bell），
女性科技（Women in Tech）网站联合创始人之一

当我的职业生涯开始的时候，这本书在哪？如果能够早看到这本书，也许我能少走10年的弯路！建议每个即将踏入社会的人都读读这本书！它简洁明了，作为闲暇之余的读物，会给你带来耳目一新的感觉！别忘了，如书名所示，咱们可以用左手捧着读一读！

——斯科特·斯特莱登（Scott Stratten），

Unmarketing公司首席执行官，

高尔夫、棒球、曲棍球左利手运动员

作者罗希特以简单易懂的方式，给读者提供了一些关于如何取得成功的秘诀。整本书的内容引人入胜，作者提出的建议更是简单有效，人们只要做出稍许改变，就会给自己的工作和生活带来很大的改变。

——梅兰妮·诺特金（Melanie Notkin），

机智阿姨（Savvy Auntie）网站创始人，

《另类：现代女性寻找新的幸福》（*Otherhood*：*Modern Women Finding A New Kind of Happiness*）作者

如果你已经受够了那些千篇一律的励志书，以及书中那些大同小异的教你如何取得成功的方法，那么我强烈向你推荐罗希特的这本《刻意选择》。它会给你提供不一样的方法。正如我跟罗希特喝咖啡闲聊时他所说的，如果你想在生活中得到快乐、取得成功，那么这本书将为你提供更多的秘诀，成为你灵感的源泉。

——马利卡·乔普拉（Mallika Chopra），
《有意图的生活》（*Living With Intent*）作者

这本书将指导你，如何在职场上为自己建立一个良好的口碑。书中的建议也许会让你感到不可思议，甚至是离谱……但这是我读过关于职业建议最有趣的励志类图书了！

——波特·盖尔（Porter Gale），
《你的人际关系就是你的价值》（*Your Network Is Your Net Worth*）作者

21世纪，职场的基本要求有三点：工作效率、多任务处理能力和创造力。如果回到20岁，我一定会听取罗希特的建议，并仔细地阅读这本《刻意选择》。因为他能洞察未来趋势，凡事还有自己独到的见解。

——帕梅拉·斯利姆（Pamela Slim），

《肢体语言》（*Body of Work*）、

《逃离你的工位》（*Escape From Cubicle Nation*）作者

人们经常能读到关于如何取得成功的文章，有些文章的标题难免有博人眼球之嫌，比如："想知道能够改变你生活的5个简单步骤吗？"事实上，真正的成功可不像标题写得那么简单。而与这些"标题党"不同，《刻意选择》这本书，给读者提供的都是一些切实有效的建议。罗希特指出，想要在事业上有所成就，真正需要的是诚实。如果你已经厌倦了一些书中所做的不切实际的承诺，或是一些不可行的建议，那么这本书正适合你。

——米奇·乔尔（Mitch Joel），

Mirum公司总裁，

《分离的6个像素点》（*Six Pixels of Separation*）、

《重启》（*CTRL ALT Delete*）作者

这本准确实用的指南将帮助你做出更好的决定，尤其是对于那些初入职场的新人，它会教你如何避免一些常见的错误。

——丹·肖贝尔（Dan Schawbel），

《时代周刊》（*Time*）畅销书《促进你自己和我 2.0》

（*Promote Yourself and Me 2.0*）作者

写给罗翰（Rohan）和杰登（Jaiden）：

希望他们在用到这些技能之前，可以从这本书中学到这些知识，并汲取一些教训。

目　录

本书适合你阅读吗？

读者朋友，咱们先来聊一聊！无论你是正在创业，还是正在读书，周围总有很多人，诸如家长、老师，或是我们日常社交接触的人，他们会根据我们想要的、想做的，或是工作的相关事宜，试图提出一些建议。

你也知道如何更便捷地解决问题，比如说，相较于查阅一本书，大部分人会选择直接在视频网站寻找资料。你从不把自己归为不守规矩的那类人，而且你对提供成功秘诀的那些书或人常常持怀疑态度。

所以，这本书能告诉你什么呢？显然这些内容必须是你无法从视频或是未经甄别的建议中获取到的。为什么你应该读这本书？你怎么知道读这本书不是在浪费时间呢？

答案就是我常提到的一个词：非显著性（non-obviousness）。

因为这本书所分享的观点，与多年来我们从父母、老师或上司那里听到的并不一致，有的甚至是相反的。

在这本书中，你会了解到：为什么打断别人的话是好事，为什么让人哭泣具有积极的一面，为什么要当异装癖，为什么拖延症是成功的关键，为什么要开始抽烟，等等。还有更多让人们意想不到的建议！

本书中的观点可能会让一些人感到不解，甚至让一些人感到不悦。希望你不是其中之一！

事实上，如果你读到这里—— 你大概已经猜出这本书的目标读者了，那么，你还好奇为什么要用左手吃饭吗？

总之，继续读吧，你会找到答案的！

引 言

为什么要用左手吃饭？

这本书并非与左利手有关。

然而，奇怪的是，有许多成功人士碰巧都是左利手。从创造性思维到各种体育运动，从拳击到保龄球，左利手在各方面都有明显的优势。

事实上，有超过 25% 的专业棒球运动员，不论投手还是击球手，都是左利手。前五任美国总统中就有三位是左利手——乔治 · H. W. 布什（George H. W. Bush）、比尔 · 克林顿（Bill Clinton）与贝拉克 · 奥巴马（Barack Obama）。还有我们耳熟能详的那些名人，Lady Gaga（嘎嘎小姐）、史蒂夫 · 乔布斯（Steve Jobs）、马克 · 扎克伯格（Mark Zuckerberg）、奥普拉 · 温弗瑞（Oprah Winfrey）、詹妮弗 · 劳伦斯（Jennifer Lawrence）等，都是左利手。

有专家提出，尽管左利手只占全球总人口的 10%，但无论是从小被迫脱颖而出，还是天生就具有不同的思维方式，左利手都能从他们的这一特性中受益。

在体育界，左利手的优势已经广为人知。著名网球明星拉菲尔·纳达尔（Rafael Nadal）本来是右利手，但从小接受训练的时候，他的父亲就让他练习用左手打球，以便利用这项优势超越对手。

如果你恰巧是左利手，那你可能有些沾沾自喜；但如果你不是，也别担心，我也不是。

等一下！什么样的作家会写这样的书？他自己不是左利手，但他写了以上这些理由作为开头，并且还说左利手挺好？

尽管我不是左利手，但我确实用左手吃饭，要向你们解释我为什么用左手吃饭，就有很多话要说了。

我是如何发现左手吃饭的好处的

这源于几年前的一次社交活动。那天我非常忙碌，没有时间吃午饭，在去参加活动的路上，我跟自己说，我要直接去餐点台，装满一整盘小点心，然后在活动开始前，找个安静的小角落吃完它。

不幸的是，我的计划出现了一些波折，因为现场居然找不到一处真正安静的地方，所以我只能到一个看上去并不那么拥挤的吧台去吃。但我马上意识到，如果我用右手吃东西的同时，还要用右手去与他人握手的话，就会显得很凌乱。于是我就开始用左手吃东西了。

这种切换，让我和他人握手方便了很多，甚至整个晚上我都是这样做的。回到家，我发现那天晚上的对话比我几个月来参加的社交活动都更好些。我不能确定原因到底是什么，但这会不会就是因为我用左手吃饭？

带着不确定和好奇心，我决定在接下来的社交活动中都用左手吃饭。

当你参加很多社交活动（就像我把它当作自己的工作一样），或者参加派对，或者在俱乐部认识新朋友的时候，没打开话匣子之前可能会比较尴尬。我虽然自认为属于外向型人格，但也不是那种能直接走过去跟陌生人随机找一个话题就开始尬聊的人。大多数人都不是这样的，即使他们假装自己是。

在第二次社交活动中，我恍然大悟，明白了为什么我和其他人的交流会顺畅许多。

用左手吃饭帮我改变了心态。我不再强迫自己主动开始对话，目的也不再是收集尽可能多的名片，我能够退后一步，也更容易与人交谈。我问了更多的问题，并且更专注地倾听。我不再急躁和匆忙。我开始邀请新人加入对话，从只关注我自己，到关注别人说了什么。

你想象一下，在一个充满种种议程的房间，有人尽力推销自家的产品，有人想要寻找下一个雇员，而我，凭借关注他人而不是自己，突然间成了最受欢迎的交谈者。

从那时起，用左手吃饭成为我对自己的一个提醒：要慷慨分享自己的时间，多关注别人。它帮助我脱颖而出，也让我拥有了比自己想象中更多的机会。当然，也引导我写出这本书。

如何阅读这本书

在接下来的章节中，你会读到 15 条这样的人生算法。每一个都是你现在可以做的事情。你不需要一些特殊的能力，比如用左手吃饭，你甚至不需要是左利手。

写这本书的目的是给读者提供一系列可以立即使用的想法。它汇集了一些隐藏的、违反直觉的、有时令人困惑的议题，这些议题往往是我在职业生涯中偶然发现的。我曾与世界上一些最大的公司合作过 15 年时间，进行品牌推广和市场营销。随后我创立了 3 个成功的企业，写了 4 本畅销书，作为专业演讲者前往 30 多个国家，与那些世界上最成功的人和最有前途的人一起工作。

书中的每一条人生算法都是为了达到最终的4个目的：帮助你更好地思考、更好地工作、更好地交流，以及更好地连接，这些人生算法将通过一系列简短的故事来呈现。

如果非要给这些人生算法定个主题的话，那就是，你每天做出的微小的、刻意的选择，都具有力量——从你今天穿什么，到你选择用哪只手吃饭。

我相信，刻意地做出这些选择，确实能帮助你应对工作，当然，更重要的是更好地生活。

石榴原则

“无论发生什么事，一定不能让他们翻看我的书！”

对于即将出版新书、第一次接受采访的我，本不应该产生这种想法。

这是几周前的事了，我的新书《匿名的香蕉为什么不热销》（*Personality Not Included*）马上就要在各大书店上架，但是准备了几个月的计划却不得不暂时搁置。

就在新书发布会的前一天，我收到了出版公司麦格劳－希尔（McGraw-Hill）寄来的打印好的封面，以及一封简短的道歉信，信中说道，书籍的印制工作还未完成，也就是说，我手里只有书的封面，而离第一个重要的采访只有短短不到 12 个小时的时间了。

这个消息让我感到恐慌。我开始考虑各种解决方案：取消采访？重新安排时间？还是按照原定计划？

最终，我想出一个办法，我在书架上找到一本和我的新书大小相宜、厚度相同的书，然后用打印的彩色封面包起来，这看起来蛮合适的。

但与此同时，我脑海里依旧浮现出很多糟糕的画面，比如，在采访中被要求翻开书怎么办？如果被主持人要求朗读部分内容怎么办？我开始想象自己在守在电脑前观看采访的观众面前被撕去伪装的尴尬模样。

尽管如此，我暗暗决定，无论如何也要完成这次采访。

第二天，我拿着仔细包裹着新封面的书架上的旧书《让创意更有黏性》(*Made to stick*)，自信地接受了采访，整个过程出乎意料地顺利，我的小秘密也没有被人发现。

许多年后，我才发现自己当时的焦虑有多傻，因为从来不会有人让你在采访过程中读书，更不会有人凭借简单的瞥一眼，就能发现封面和书的内容并不相符。

当然，在那种较为紧张的情况下，当时的我并没有意识到这些。现在回想起来，真正帮我走出困境的不是别的什么，而是自信。再想想 10 多年前的自己，也面临过相似的处境，但是那时的我却不具备这样的自信。

我是如何在制订计划后惨遭失败的

1998 年，我想到了一种能改变餐饮业的方式。当时，很少有餐馆开设自己的网站，所以我想通过这样的方式，给这些餐馆注入一种新的理念——网络营销。这才是 21 世纪该有的经营理念。[1]

我的公司包括以下业务：给餐馆建立自己的网站，负责网站的宣传，在网络上汇总可供大家选择的餐馆，等等。

首先，我注册了网址为 www.dc-restaurants.com 的域名，然后开始在华盛顿的乔治城挨家挨户地说服餐馆老板以 200 美元的价格雇用我为他们建立网站，但所有人都会问我同样的问题：“为什么餐馆会需要一个网站？”不得不承认，那时毕竟是 1998 年，网络并不像现在这样普及。

在多次被拒绝后，我决定选定一家餐馆，免费为他们建立网站，这样我就能假设我已经有了第一个付费客户，然后再说服其他餐馆老板给我一个机会。在建完第一个网站后，我把它和我在网上找到的其他华盛顿地区已经拥有自己网站的餐馆一起放在我的网页目录里。紧接着，我又尝试去寻找新的餐馆，推销自己的生意，但是收效甚微。

经过一番苦思冥想，我决定抓住最后一根救命稻草，如果我能成功说服主要的互联网供应商，说服他们给我汇编的网页目录提供浏览量数据，我就能向餐馆老板证明到底有多少人浏览了我制作的网页，以及他们到底错失了多少潜在客户。对于那些生性多疑的生意人，这看起来似乎是个不错的计划！

而这个计划更重要的可行之处还在于，当时美国最大的互联网供应商负责人的住处正好离我的住处很近。在打了几通电话后，我成功地得到了与他们区域负责人见面的机会。

几周后，我去了著名的 AOL（美国在线）公司，这次会面对我来说至关重要，刚开始主要是一些简短的谈话，随后，主管耐心地听我描述所创建的网站 www.dc-restaurants.com，包括这个网站的前景，以及我能通过这个网站为餐馆带来哪些利益。最后我再三向他们保证 AOL 的顾客会对在网上寻找餐馆的信息非常感兴趣。

在听我侃侃而谈大约 10 分钟后，主管礼貌地问道："我已经明白了我们能为您做的，冒昧地问一下，您能为我们做什么呢？"

一阵尴尬的沉默。

我一时语塞，整个人僵坐在位子上，一动不动。这个问题，我不知该如何回答，我甚至一点也想不起来为了这次会面所做的所有准备工作。

现在想想看，其实当时我能回答的内容挺多的。

我本来可以谈一谈之前所做的调查，越来越多的顾客倾向于在网上找餐馆，但是在我们地区还没有关于餐馆的网上汇总信息；我也可以告诉他少数在其他城市已经取得成功的餐馆导航网站；我甚至可以告诉他之前我做的关于 AOL 公司的调查，他们公司恰好没有建立此类网站的经验。

不幸的是，因为我当时太紧张了，所以脑子里一片空白。我失败的原因在于，当时我没有足够的自信或是专业知识储备来应对他那些十分合理的问题。

感觉像是过了一个世纪之久，我终于给了他一个回答，我说，我会好好想一想再答复他，感谢他愿意抽空见我，然后我以迅雷不及掩耳之势逃离了那个房间。那次可以说是我有生以来最糟糕的一次正式见面了。

我可以把那次失败的经历归咎于年轻和没有经验而导致的不自信，我常常在想，如果当时我的年纪再大一些，社会经验再丰富些，也许那次会面会有不一样的结果！

在现代社会，好像随处都能见到那种成立不到 10 年，还未在股票市场上市的“独角兽”公司，但是他们的估值已达到 10 亿美元以上，这样的成功着实让所有还在奋斗的人感到望尘莫及。

是否有些人更容易树立自信心呢？如果真是如此，他们是怎么办到的？他们是掌握了其他人都不知道的诀窍吗？

石榴原则

如果你曾经在网上搜索过剥石榴的方法，那你一定能快速地知道这个问题的答案。在网上，好像每个人的解决方法都不相同，但是每个方法都声称是有一定理论支持的。

而这些所谓的专家只在一个问题上达成了一致，即剥石榴的错误方法：把一个石榴切成两半，然后再一颗一颗地将石榴籽取出来。网上推荐的解决方法却是五花八门。其中，一个很火的视频建议，可以先将石榴分成两半，然后用木勺子不断敲击石榴的背部，这个方法虽然看起来麻烦，但是操作起来非常有意思。另外一种方法是将石榴先分成六份，然后慢慢将每一部分剥开，但这种方法实际操作起来难度很大。

我们在网上寻求建议，却找到了各式各样的答案，像这样的情况屡见不鲜。但问题的关键是，如何判断哪一种方法更有效。

石榴原则：在一个充斥着各种各样建议的网络环境中，我们需要做的是相信自己的直觉！

直觉看似十分复杂，也不能刻意培养，但实际上并非如此。

事实是，直觉的培养建立在日常生活中，建立在我们对周围事物的细微观察上。当你有了这样的第六感后，你的大脑会自动运用你之前存储的记忆来解释现在碰到的情况。科学家称之为模式匹配（pattern matching），这是大脑的功能之一。

这也是为什么我们要训练大脑，去提高大脑对于这些细枝末节的关注。大家可以设想一下，假如这些看似微不足道的生活窍门（像学习如何剥石榴）就是提高直觉的关键，那会是怎样一种情况呢？

同一类型的生活技巧，还包括使用苏打水去除红酒渍、用车内座椅加热器给外卖食物保温，或是用摩擦胡桃的方式来修复受损的木质家具，等等。

在这本书里，你将读到 15 条类似于石榴原则这样简单有效的人生算法。全书共分为以下 4 个部分。

第一部分：更好地思考。目的是鼓励读者成为一个善于观察的人，学会如何进行自我投资，以及如何走出失败的阴霾，恢复到原有的状态。

第二部分：更好地工作。在这一部分，我将告诉大家如何在职场中取得成功，读者将认识到同理心和正直对于职场至关重要，以及为什么职位描述和时间观念一直被不断地强调。

第三部分：更好地沟通。在这一部分，我深层次地探讨了自己对菜花不合逻辑的厌恶、为什么你要学会打断，以及简化叙事的好处。

第四部分：更好地连接。这一部分的内容包括变装带来的意想不到的好处，以及为什么你也许会期望别人窃取你的主意。

每个人生算法都是通过故事引出的，我尽量减少使用专业术语，也将故事进行了精简。除此之外，你将看到这些人生算法的重要性，以及一些切实有效的建议，并了解如何将这些人生算法运用到你的工作和生活中。

当你开始使用左手时，你不得不用一种与众不同的视角看待这个世界，而那些日常生活中常见的工具，比如剪刀、开罐器等，对你来说也许就没那么好用了。

但是，这也许会迫使你去寻找自己的专属方案，去解决生活中的那些难题。人人都可以拥有这种能力，它让你在任何情况下都能够从容地面对问题、解决问题。

所以，让我们开始这段美妙的学习之旅吧！

第一部分

更好地思考

学会遗忘

找到你自己的“复原力”

我第一次和蒂莫西·费里斯（Timothy Ferriss）吃早饭的时候，他还是一个被拒绝了26次的出版人。

我们第一次联系是通过电子邮件，他在信里告诉我，他是我博客的忠实粉丝。他想约我在美国得克萨斯州奥斯汀市举办“西南偏南”（SXSW）艺术节的时候一起吃个早饭。由于是艺术节期间，人声鼎沸，到处充满喧闹，我们好不容易在主会场对面的希尔顿酒店找到一个靠窗的位置，相对比较安静。

那天早上，他问了我关于市场营销和博客运营的各种尖锐问题，同时也和我分享了他将如何去推销他那本即将发布的新书。

几个月后，他的新书《每周工作4小时》（*The 4-hour Work-week*）出版了，而且比很多人预测的销量还要好。短时间内就卖掉了100万册，并迅速升至畅销书榜第一名。很快还成为年度最畅销图书。

我们第二次一起吃早饭，是他在我家住了一个晚上之后。那天，我们聊到了他不寻常的成功经历，以及他接下来的发展计划。他对之前所经历的诸多次失败的积极态度让我万分钦佩，也是这样的态度，让他取得了最终的成功。

人们总喜欢听那些“绝处逢生、反败为胜”的励志故事。

英国发明家詹姆斯·戴森（James Dyson），是史上最畅销的高级真空吸尘器的发明者，他为了调校适当的真空吸力，失败超过 5 000 次。[2]

当 J. K. 罗琳（J. K. Rowling）写第一部哈利·波特系列小说的时候，她还是一个需要靠救济金过活的单亲妈妈，只能在爱丁堡的咖啡馆里写作，她的手稿也多次被不同的出版商退回，直到最后有一家出版商接受了这部手稿。

看上去，那些成功人士的经历如此相同，总是需要先经历无数次的失败，才能最终获得成功。但是，关于这些励志故事，我们听到的版本大多不是完整的。

成功人士不会告诉你的失败原因

那些历经了多次失败而最终破茧成蝶的过程，可能要持续几个月甚至几年。它们总是因为所需时间较长或者过程较为艰辛而令人难忘。

在现实生活中，大多数失败你是不会承认的，更不用说去庆祝了。

那么，你每天都经历的那些小失败呢？比如说你不经意间把那些可能会比较丢人、比较出糗的照片发到了微博或朋友圈，或者你突然忘记了工作完成的最后期限，抑或是没有回答上来一个你本应该知道的问题。

虽然这些小小的挫败看似无足轻重，但短时间内也确实让我们尴尬无比。当涉及如何从失败中复原过来时，你面对的问题就是，如何训练自己，让自己能始终如一地去克服各种挫折，或者忘记它们继续前行？

要回答这个问题，首先要考虑极端的个案：那些经历了灾难性时刻的人是怎么熬过来的？

如何在灾难中幸存

冒险小说家劳伦斯·冈萨雷斯（Laurence Gonzales）预计，当自己的生命面临威胁时，90% 的人会焦虑或者僵在原地，无所适从。那么，剩下的 10% 的人是如何保持冷静，从而活下来的呢？

冈萨雷斯在他的新书《深度幸存：那些决定你生存还是死亡的因素》（*Deep Survival*：*Who Lives, Who Dies, And Why*）中回答了这个有趣的问题。关键是，那些幸存者总是能够很快地认识到自己所处的境况，从而能够尽快从被否定、愤怒和抑郁的情绪中走出，然后接受现实。

许多科学家都提出了一定的科学依据来支持这个观点：那些拥有较强复原力和克服逆境能力的人，总是能够很快地接受现实，而不是在那些可能发生或者本应该发生却未发生的事情上踌躇不决。

冷静的艺术

除了认清现实，想要快速地从挫折中复原的下一步应该是学会如何保持冷静。冈萨雷斯同样在书中讲述了一个有关冷静的故事。他在去采访曾经供职于 NASA（美国国家航空航天局）的心理学家艾芙米亚·墨菲–陆（Ephimia Morphew-Lu）的时候，听到了一个神奇的案例：几位潜水员在有足量的氧气和身边有工作人员的情况下，仍然溺水身亡。

墨菲–陆作为《人类在极端环境下的表现》（*Journal of Human Performance in Extreme Environments*）的创刊人，分享了她的研究成果：潜水员的死因是他们在最初无法呼吸时感到难以自控的窒息感，正是这种窒息感导致他们无意间做出了自杀的选择——慌乱中将自己的嘴和鼻子暴露于水中，最终因窒息而死亡。

是恐慌杀死了那些潜水员。[3]

面对困境时，保持平静或许并不会直接关乎你的生死，但是当你拥有这份心境，并能快速认清现实时，无论你面对的困境是多么的严峻，你也可以从任何挫折中迅速地恢复过来。

人生算法 01：如何从挫折中迅速恢复

改变你的“解释风格”

马丁·塞利格曼（Martin Seligman）是一位心理学家，他终身致力于研究积极与消极之间的关系，以及人们为何会有积极或者消极的心态，因此被称为“积极思考之父”。

在他的畅销书《活出最乐观的自己》（*Learned Optimism*）中，他描述了面对逆境容易退缩的人和勇于面对困境的人的一个关键性的区别。在书中，他用“解释风格”（explanatory style）这个术语来描述一个人内心对于各种情况的认知。

如果你让一个人挑战一群人来画猫，那个人如果是偏向消极悲观的态度，他可能会想：“我什么也画不出来。”而有积极乐观态度的人则会说：“我并不擅长画猫，但我能画出很棒的房子。”

在你的能力范围内，把你的“解释风格”切换成积极的、向上的，这将对你的未来产生重要的影响。

降低自己的要求

当某些人提出一堆不明所以的奇葩要求，或者时刻要求他人的关注时，他们通常会被贴上“高要求”的标签。在现实世界里，除非你恰好是一位高薪的明星，不然这样的态度只会给你的生活带来不好的影响。当你觉得别人对自己不屑一顾，或者你认为你没有得到应有的尊重时，或许是因为你没有自己想象中的那么重要！

一直让自己处于被他人忽视的心境中，会让我们行为失调，或者做出无心的但会伤害他人的行为。如果某人一直不回复你的短信，你可以选择内心阳光一点儿，而不是一味地指责他人。大多数人只是竭尽所能，而且很多时候，你的需求或许并不在某人待办事项中的首要位置。试着摘掉自己“高要求”的标签，并且尝试产生共情，站在他人的角度去思考问题。

别再想它（真的！）

当你抱怨，或者一直纠结于一连串的失败时，随着时间的推移，它们还是会不时地出现在你的日常交流中，这样只是印证了你还未走出那些失败的阴影。如果想要克服这一点，你可以公开做出一个口头承诺，表示你已经放下了，在任何交谈中你都不会再提及它了。

这个承诺是突破自我的最终预言。换句话说，一旦你做出了不再提及它的承诺，你会更快地从失意中走出来。当然，这并不是逃避问题。所以当问题尚未解决的时候，你首先要做的就是直面它，这样你才可以开始新的生活，不再纠结这一次的失败。

开始抽烟

掌握自己的命运

在我刚搬到澳大利亚的时候，我发现融入集体最好的方式就是跟同事一起参加“烟歇”（smoking breaks）。

其实我不是一个烟民，但我决定暂时放下健康顾虑。不过，我首先要给自己一个承诺：无论如何，我只抽一个月的烟。

于是我开始抽烟，并享受其中。那一个月，每天我都和新同事去“烟歇”。我们都感觉很放松，聊天的内容也没有套路，彼此之间的关系亲近了很多。

一个月后，我戒烟了，但我仍然跟他们一起去“烟歇”。回头看看那一个月，我与“抽烟帮”建立了良好的同事关系。它让我在工作之余也能进行社交。

你可能会感到奇怪，我不抽烟同样也可以做到这些呀。但你会发现，你很容易就会陷入被动的局面：要么你在同事的群体压力下跟着他们一起抽烟，要么你会被这个群体排挤。想要自己掌握主动权实在太困难了。

抽烟是否危险？是否伤害身体？当然！若是养成了这个坏习惯，就是养虎为患！但是有些疯子就是意识不到这一点。他们觉得自己只是偶尔抽上一两根，并没有意识到他们已经有烟瘾了。

我之所以吸烟，是因为我想通过“烟歇”来融入同事圈。而我选择戒烟，是因为我不想因此成瘾。

也许你已经发现了，这个秘诀并不是抽烟与否，而是我们在生活中做的一些有象征意义的选择，这些选择可能有些冒险，但关键在于你要把命运牢牢地掌握在自己的手中。

为什么要选择靠窗的座位？

有时，我们的选择并不一定关乎生命，它也可以像坐飞机选座位那样简单。

CNN（美国有线电视新闻网）做过一个调查，询问那些商务出行的人士，他们更喜欢靠窗的座位，还是靠过道的座位？答案是，多数人更倾向于选择靠过道的座位，因为更便捷。

当你坐在靠过道的位置时，你能花更少的时间下飞机，更方便去卫生间，向空姐要饮料或者小食也更便利。同时，去行李架上拿东西也更顺手，所以靠过道的位置更受商务出行人士的偏爱。

但我不是，我一般都选择靠窗的座位。

这跟风景无关

坦白地说，我喜爱舷窗外的风景——但是靠窗的座位可不仅仅如此。在这个小环境中，它能给你更多的控制权，或者说会给你更好的机上体验。

在靠窗的座位上，你可以选择把遮光板关上或者打开；如果你要去卫生间的话，旁边的人都会起身；如果你不去卫生间的话，你可以在里面一直坐着，没有人会打扰你。你对座位的选择（假设你有机会选择），能让你拥有更好的旅行体验。

这种选择，对于我们生活的影响可远不止如此。

你有多少次只是得过且过，而没有真正把握自己的生活？你可以从专业角度来看待这个问题，有时候甚至可以亲身经历，亲自做出选择。

合理地使用我们所能拥有的权利是我们一定要做的一个选择，即使它如在飞机上选座位那样微不足道。

最终，正如我们常在世界级运动员那里听到的那样，你将掌握你自己的命运。

冠军不会迷失自己前进的方向

每项运动都有赢家，有两种方式能让你角逐冠军之位。一种是你可以打败你的竞争对手，这是最好的方法。但是，还有另外一种方法，就是祈祷你的对手失败，只要对手失败，你同样可以成为冠军。

教练们在谈到这一点时，通常会说，要掌握自己的命运，而只有胜者才能做到这样。在体育界之外，掌握自己的命运同样重要。在职场文化调查中，自主权被誉为老板能给员工提供的最好的东西之一。而对于众多企业家来说，拥有更多自主权也是他们出来创业的动机之一。

人生算法 02：如何掌握自己的命运

去领导，而不是去跟随

当我们处在一个被动的位置上时，是无法掌握自己命运的。因为控制权不在我们手上，这让我们无法做出选择。但是如果换一种选择，我们就能重新赢回控制权。

我在澳大利亚的第一份工作，是替一个为期三周的演出做节目设计，做到一半儿的时候，我意识到，我被雇用的原因是先前整个项目管理非常混乱，他们真正需要的是一个新的项目经理，所以即使对方没有提出要求，我也主动开始做一些项目经理该干的活儿。一个星期后，我被全职雇用了。所以，有时候机会并不是别人直接给你的，而是取决于你自己做事的态度。

拥抱“开小差”的自己

在学校，老师教导我们，“开小差”不是好习惯。有些学生甚至会试图通过药物来改掉“开小差”这个毛病。然而在学校之外，“开小差”也会给我们带来一些好处，要学会去拥抱“开小差”的自己。无论是抖腿还是转笔，或者是其他可以让别人感到烦躁的坏习惯，都能帮你集中注意力。所以，可以考虑买个指尖陀螺，或者在开电话会议的时候画画涂鸦，而不要压制自己或者吃药控制自己。因为“开小差”是你灵感奔涌的源泉，学会这一招，能让你事半功倍。

选择离开

几年前，BBC（英国广播公司）拍过这样一个纪录片，讲的是中国制造苹果产品的几个工厂惨无人道的工作环境。这个节目记录了中国工人工时过长、居住条件奇差、工厂老板极其苛刻等情况。[4]

而真正触及我内心深处的画面是：有一个工人抱怨他的无助和痛苦。他在流水线上像机器人一样每天工作 14 个小时，每周工作 6 天。这种缺乏自由的工作毁掉了他对生活的渴望，甚至导致他考虑自杀。谢天谢地，我们当中的大多数人不用去忍受这样的工作环境，但有时候我们会发现，我们的生活或者工作像是陷入了一个死循环。如果这种感觉持续太久的话，比起那些绝望的中国工人，你是拥有可以自由选择的权利的，你可以掌握自己的命运。

重新制定你的播放列表

透支你自己

在过去的 5 年中,我以每周两本的速度,大概买了 500 本书。通常，我选择书的类型也不是那么固定。事实上，我会突然需要购买一些和目前所做的项目或从事的写作相关的书籍。

对我来说，一个新项目刚开始时总能激发我的购书欲望。但是,当你买了那么多书以后,总是不得不面对一些潜在的困扰。第一，你会发现没有那么多地方放置这些书；第二，你会发现你几乎不可能把这些书都读完。我最后的解决方式是，如果买了些根本不会看的书，那么在一年以内我会把它们当作二手书卖掉，或者直接捐掉。

为什么人们会买那些根本不会去看的书呢？这看上去很奇怪，但是仔细想想你之前购买过的 5 本非教材类的书籍（当然不算我写的这本书），你甚至可能连书名都不记得了；如果你碰巧还记得，但又有多少本书是你真正一页一页地看完的呢？

人们总是买些自己不看的书，只是他们不愿意承认而已。有时候是因为喜欢一本书的封面。大部分时候，最初的确是有意将它们读完，但随着时间的推移，其他的杂事越来越多，看书的时间也越来越少。

我把看书当作投资，而不是为了在我没有时间阅读后，让自己产生类似于未完成作业的那种内疚感。

我买这些书，是希望它们包含的知识能够帮助我解决遇到的挑战，或是在某些问题上，给我一些新的启发。当然，也许有些书并不能发挥这样的作用。有时候，在读前几章时我就会发现自己需要的知识，所以接下来的时间我就不会再去看后面的章节了。因此，我从来不会给自己压力，强迫自己读完整本书。

为什么读书就像建立一个播放列表？

事实上，我专注于发掘那些最有价值的观点，特别是那些可以用在我的工作中，或者能改变我的思维方式的观点。我会把这些观点糅合在一起，寻找它们之间的联系，从而建立我自己的“播放列表”。

为什么我把它比作播放列表？如果你仔细想想，这和我们把自己喜爱的歌曲或是视频汇总到一起，建立一个播放列表有什么区别？

我明白，很多老师可能不赞同我这个播放列表的观点。因为老师肯定不会鼓励学生每本书只读一半，而是希望学生能读完整本书。

我相信，你的时间非常宝贵，绝不能浪费在一本你根本不感兴趣或者毫无用处的书上。

并不是所有的书都值得你去读完，承认这个事实，对你自己来说等于是放下一个很重的精神负担。这时，你会发现之前的读书是一种享受，说不定你会因此想要去读更多的书。

当然，我知道你可能想说："你是一个作家，经常买书当然不稀奇。"那么，从事其他工作的人也是如此吗？

像成功人士一样去消费

多年前，我被邀请去参加一个会议，与会人员都是高端人士，其中包括很多管理培训师、企业家和成功学大师。参加会议的人中还有一些是畅销书作家，甚至有一些是已经取得成功的知名人士，比如格雷琴·鲁宾（Gretchen Rubin）和迪帕克·乔普拉（Deepak Chopra）。

活动中，我如饥似渴地聆听那些成功人士的成功之道，学习他们深入浅出的见解。他们讨论收入模型和演讲风格，分享一些销售技巧，或者讨论消费者感兴趣的、会疯狂抢购的信息化产品。其中有一个话题跟其他的不太一样。主讲人直接问了大家一个简单的问题："你每年会在个人成长方面花多少钱？"

答案让我感到吃惊。

几乎每个人都会花费大约一万美元在个人成长方面。有几个人的花销竟然达到 10 万美元，其中包括购买视频课程，雇用私人教练，参加类似于今天这样的研讨会活动，等等。

更让人感到吃惊的是，他们中的很多人把自己的成功归因于，在事业的早期他们乐于进行自我投资。

听到这些成功人士的谈话，我终于明白他们为什么能挣到百万年薪了。那是舍得进行自我投资的最有价值的回报。尽管当时我觉得每年买上几百本书已经算是比较奢侈的投资了，但当这次会议结束，我转身离开的时候，我的想法彻底改变了。

人们总是想当然地以为，在自己身上投资就是诸如能完成大学学业，或者参加工商管理硕士课程等。其实，对于那些成功人士来说，拿到学位仅仅只是一个开始，有的人甚至直接跳过了大学生活。他们明白，自己的目标并不是那一张学位证书，而是通过学习让自己成为更好、更聪明的人。而生活中，有很多方法可以帮助我们达成这个目标！

一个小提醒

在分享人生算法之前，我想要提醒大家，虽说我的建议是“透支你自己”，但这并不是让你一味地追求可以提升自我的机遇而不考虑自身的经济因素。要在自己的能力范围内，多些耐心，多些策略。当你刚开始工作的时候，需要花费时间去积累经验，随着时间的推移，在金钱上的投资也会慢慢回本——正如中国那句著名的古诗所言，“千金散尽还复来”。

人生算法 03：如何“透支”你自己

专注于你最擅长的地方

长大后，我们倾向专注于自己最薄弱的地方，然后试着让自己有所提高。数学不好？去找个数学家教。在现实世界里，成功人士却做着相反的事：他们试着去深度挖掘自己所擅长之处！

举个例子，去年我花了超过 20 000 美元参加一个培训，旨在让自己成为一名更专业的培训师，为此，我特地请专业团队来教我更好地使用 keynote（讲演软件）和舞台表演。尽管当时我已经是乔治城大学公共演讲和故事演说课程的硕士研究生导师了。

正如我告诉学生的那样，你永远无法达到最好！今天，我所做的一场演讲，就让我获得了 25 000 美元的收入。

重在过程与经历，而不是最后的结果

如果一次花费能够让你拥有一段很棒的经历，你一定不会感到后悔！

2012 年 8 月，我正在想方设法开办自己的公司，资金也比较紧张。但那时伦敦奥运会刚刚开幕，我特别想去现场观看。我已经连续看了三届奥运会了（亚特兰大、悉尼、北京），我知道如果自己错过这届奥运盛事会有多遗憾，因为这次举办地离我家所在地华盛顿特区只有 6 个小时的飞行时间。

于是，我赶紧订了当天的末班飞机，我和 8 岁的儿子准备在伦敦过一个“奥运”周末。为了凑齐这笔路费（因为这是在我演讲事业腾飞之前），我放弃了购买新车的打算，准备继续开我那辆已有 12 年车龄的旧车。4 年以后，我们买得起新车了，我们全家决定去巴西现场观看新一届的奥运会。

现在，去现场观看 4 年一次的奥运会已经成为我们全家的传统，而我相信这些也是我们全家难忘的回忆。

卖掉你拥有的东西

在你事业开创初期，你可能时间比钱多。那么就把时间花在那些能够让你学到新东西，或者拓展你的人脉资源的事情和活动中吧。你可以从询问你认识的比较有远见的人开始，看他们是否能给你提供一些机会，这样既能对他们有所帮助，又能让自己学到一些东西。你会惊讶地发现，他们当中的很多人都乐于向缺少经验、立志有所作为的人提供帮助和建议。

学会“约德尔唱法”

学会一些现在看似无用的知识

我记得曾在福吉尔剧院观看了一场戏剧演出，莎士比亚（Shakespeare）的经典之作《第十二夜》(*Twelfth Night*)。这是一个浪漫的爱情故事，讲述一个名叫薇奥拉（Viola）的女人，在一次航海事故中与孪生哥哥失散。薇奥拉以为哥哥身遭不幸，便女扮男装，投奔到当地奥西诺（Orsino）公爵的门下当侍童。而后，她阴差阳错地爱上了对音乐极其痴迷的主人奥西诺。

这部戏剧最著名的台词是“假如音乐是爱情的食粮，那么请演奏下去吧”，它不仅形象地描绘了奥西诺对于音乐的痴迷，而且也为整场戏剧的演出带来了灵感，各种音乐元素贯穿其中，现场的乐器包括键盘、五弦琴、吉他、鼓，还有一个伴唱，用音乐配上传统的莎士比亚式对话，给观众呈现了意想不到的舞台效果。

整场戏剧最让人印象深刻的是，当情节推进到主人公之间复杂的三角关系时，主角薇奥拉登场，她坐在舞台中央的椅子上，开始演奏大提琴。这是艺术领域惯用的手段，角色总是被塑造得多才多艺、个性丰满。

扮演薇奥拉的演员艾米丽·特拉斯克（Emily Trask），是一位受过专业训练的大提琴手。根据她的个人履历，她还学过舞蹈，甚至能在摇摆的秋千上翩翩起舞，而且还会使用“约德尔唱法”——用真假嗓音互换地唱歌。

你也许会觉得，这些才能看似和演员这个职业没有多大的关系。然而，在福吉尔剧院演出《第十二夜》，会演奏大提琴对于演好薇奥拉这个令所有演员垂涎的角色起着至关重要的作用。而正是因为艾米丽·特拉斯克能够使用“约德尔唱法”，她才能够在试镜时最终赢得这个角色。

艾米丽·特拉斯克的故事充分证明，学习一些看似无用的知识其实很有用，它们能在关键的时候发挥重要的作用。

剧院中改变命运的一晚

史蒂夫·乔布斯是个家喻户晓的人物，即使是在他去世以后，他遗留给我们的，无论是他生前参与开发的产品，还是他提出的理念，都无时无刻不在影响着我们的生活。他的仰慕者赞赏他不肯妥协的深刻远见，而他极富感染力的演说技巧，以及将复杂的科技难题进行简化、模块化的能力，也令所有人折服。但是他善于获取那些看似无用知识的好习惯，却常常被人们忽略。

史蒂夫·乔布斯从大学辍学后，决定去参加书法班，在书法班中，他学习了各种字体、如何改变不同字体组合的字间距，以及如何做出漂亮的版式等页面设计内容。让他没有想到的是，在那次学习中掌握的知识，会在多年后设计苹果计算机时派上用场——苹果公司推出的麦金托什机是第一台拥有自己内置字体的电脑。

乔布斯到印度旅游时甚至学习了冥想和禅修，这随后也塑造了他追求极简的设计风格。

乔布斯的故事不仅证明了他的远见卓识，还显示出了他对知识的渴求，以及他将自身所学进行最大化利用的能力。

当然，还有很多其他的名人，他们都有自己独特的技能和兴趣，比如说泰勒·斯威夫特（Taylor Swift），她喜欢制作类似雪花玻璃球的工艺品和果酱，尼克·欧弗曼（Nick Offerman）喜欢制作木制品，赛斯·迈耶斯（Seth Meyers）喜欢画漫画，米拉·库妮丝（Mila Kunis）酷爱玩魔兽世界，尼尔·帕特里克·哈里斯（Neil Patrick Harris）是个狂热的魔术爱好者，碧昂丝（Beyoncé）是一个画家和艺术爱好者，等等。

史蒂夫·乔布斯、艾米丽·特拉斯克和所有这些名人，他们拥有的这些看似古怪的技能，告诉我们这样一个一直被忽视的道理：获取那些看似无用的知识，能够开拓我们的思维，也能帮助我们取得一些意想不到的成功。

人生算法 04：如何学习知识

多提问

为人之父后，最让我享受的是回答孩子提出的各种各样的问题，比方说，为什么在巴西要说西班牙语？为什么摩托车没有安全带？但是我大学的学生，却很少提问题。随着年龄的增长，有很多原因导致我们不愿意提问题，有时候是怕别人觉得自己无知，有时候是错误地认为我们可以直接去谷歌，所以无须提问。有时候我们甚至意识不到自己的无知。而学习知识的第一步就是对自己不熟悉的东西多提问，第二步是去听一听别人的见解和答案。

买自己不熟悉的杂志

几年前，我去南非旅游的时候，无意间发现一本名叫《每周农民》（*Farmer's Weekly*）的杂志，这本杂志的目标读者是商业型的农场主。其中一期的主题是“阿米什人的悖论”（Amish

Paradox)，指的是阿米什人想通过轮耕和减少对化学肥料的使用，在短时间内达到种植出更大的蔬果的目的，结果却出乎意料，虽然最后用时更长，所收获的果实也变得更小，但轮耕却让他们的土壤变得更加肥沃。

尽管我不从事农业相关的研究，但是这篇文章依旧让我受益匪浅——有时我们需要放弃眼前的利益，以达到长远的目标。而大多数人或许从一开始就觉得，自己从事的工作和农业完全无关，没有必要去读相关的图书杂志。他们自然也不会有我这样的收获。

多花点时间在沙发上

励志类图书大概永远也不会告诉你，要多花些时间在自己的沙发上。但实际上，你躺在或者窝在沙发里依旧能学到很多东西，比如看看纪录片、听听广播、学习 TED（Technology、Entertainment 和 Design 的缩写，即技术、娱乐和设计）演讲，甚至是随意地在视频网站上找些视频看，就像之前提到的如何剥石榴。学会享受你的沙发时间，你甚至可以多花些时间，只要你的大脑是在不停地运转和吸收知识。但是，如果你把大量的时间花在追类似于主妇真人秀这样的节目上，那你的确是在浪费自己宝贵的时间，而且会一无所获。若真如此，那请无视我这条建议，离开沙发，做些其他事情吧！

第二部分

更好地工作

忘掉工作内容的条条框框

完成领导没有要求你做的工作

大多数人在撰写职位描述的时候，第一步总是使用谷歌搜索，找到相关材料后各种复制粘贴。理由很简单，写这个并非易事。即使是那些每日从事人员招募和面试的人员，也很讨厌写工作描述。因为很难把所有的东西都包含进去。但无论工作清单上所涉及的内容有多具体，有一件事情是毋庸置疑的，那就是，如果你只做职位描述上标明的工作，那么没有一个老板会雇用你！

你的工作不应该只是职位描述中罗列的内容，那只是你必做的工作。

没错，你确实需要完成职责内的工作。但无论是为他人卖命，还是自己创业，一定有些活儿是你不乐于去做的，或是你感觉自己无法胜任的。

如果只是从事一些职责范围内的工作，你会发现你很难有机会去证明自己！而上司总是给我们交代一些额外的活儿，一些你从未想过自己的岗位会涉及的工作。

当我遇到戈尔副总统

多年之前，我有机会参加第一届“叙事的未来”（Future of Storytelling）活动，现在它已经是一年一度的盛会了。这是一个充满行业精英的集会。我跟当时公司的老板一起参会，职责是帮他展示关于讲故事的艺术。我花了好几周的时间去学习他的演讲内容，他承诺会给我一次机会，在会上和他一同展示几页 PPT（演示文稿）。

我们的整个演讲是在一个小房间内进行，与会人员只有 25 人，都是一些重量级人物，包括美国前副总统阿尔·戈尔（AL Gore）。不幸的是，房间里的投影仪居然坏了，而我的老板却有很多重要的图像需要用投影仪展示。

唯一的解决方法就是直接用笔记本展示，因为这个房间很小，但问题是，房间内没有一个桌子或椅子的高度适合放置笔记本，以确保大多数人都能看到，这时离预计开始的时间只有几分钟了！

那一瞬间，我知道自己要做什么了——我可以举着我老板的笔记本站 45 分钟，这样，他就可以顺利地展示 PPT 了。但是，这也意味着我好不容易争取到的参与这个演讲的机会就没有了。

为了让演讲得以继续进行，我做了自己该做的。说真的，当时我心里很难受。现在看看，那次经历让我学会了人生中重要的一课——时刻保持谦逊。我认识到，自身的利益永远不如工作重要，即使这意味着你要当 45 分钟的人形桌子。

把拿铁带到美国

如果你觉得职位描述这个例子不具有普遍性，那么咱们一起来看一个与我们每天的生活息息相关的品牌创立的故事。在 20 世纪 70 年代，一个叫霍华德·舒尔茨（Howard Schultz）的销售员带领一个团队在瑞典的公司销售家居用品。当时舒尔茨获得了一笔数额巨大的滴漏式咖啡机的订单，这个订单激起了他的好奇心，他决定去西雅图拜访一下这笔订单的主人，一家小咖啡店的店主——杰拉德·鲍德温（Gerald Baldwin）和戈登・鲍克（Gordon Bowker）。

在接下来的一年中，舒尔茨一直努力劝说这两位店主雇用自己来当他们的市场总监，终于，在 1982 年，舒尔茨如愿以偿，他搬到西雅图，加入了他们的咖啡小店，这个咖啡店也就是后来为人们所知的星巴克。开张一年之后，舒尔茨去了一趟意大利，这趟意大利之行成了星巴克历史上的传奇。在意大利，舒尔茨意识到咖啡店也可以是大众聚会的场所。同时，他也意识到意式咖啡饮品，像拿铁和浓缩咖啡，也可能在美国流行起来。

得到这些启发后，舒尔茨回到西雅图，他劝说星巴克的两位创始人去卖这些意式饮品。他认为，未来这个品牌可能会有很好的发展前景，但是这两位店主担心扩张后的星巴克将会失去自主权，不肯接受他的建议。于是，舒尔茨在 1986 年离开这家咖啡店，开办了属于自己的咖啡连锁店“日常咖啡厅”（Il Giornale）。一年后，鲍德温与鲍克决定出售星巴克，舒尔茨立刻去贷了一笔款，把星巴克买了下来。[5]

你可能已经听说过舒尔茨的故事，以及他为西雅图那间小咖啡店设想的超大愿景。星巴克的成功是一个传奇故事，现在星巴克在65个国家开设有21 000家店铺，市场份额700亿美元。如果你回过头来，看看舒尔茨成为世界上最有价值的品牌的首席执行官的不寻常之路，你会发现一个很明晰的模式，那就是：从来不要被自己的职位所限制。

当舒尔茨带领一个销售团队的时候，他宁愿减薪也要加入星巴克。他想快速扩张星巴克的市场，但是以不得不离开而告终，但最后，他终于成功开创了属于自己的咖啡店。当他收购星巴克的时候，他对投资人承诺，他将在5年内至少开设100家新店铺，他很轻易地就做到了。

你可能会认为，像舒尔茨一样的成功企业家的故事是独一无二的，但这些故事背后隐含的道理却可以用来推动你自己的事业和生活。舒尔茨拒绝被自己的工作职位限制，无论他的工作曾经有多好。而你也不必抱着非要建立一个价值数十亿美元公司的心态，你只需从多做一些工作开始，而不是把自己局限于职位划定的工作范围内。

人生算法05：如何完成领导没有要求你做的工作

理解真正的需求

通常一个任务包含两面，也是领导希望我们能意识到和完成的：一面是这个任务本身，另一面是任务背后隐藏的潜在需求。举个例子，专业的组织咨询师知道，他们经常会接到一些咨询电话，咨询者因压力太大、工作超负荷而求助。在他们心中，完美的解决方案是能够找到一个压力较小、工作分配合理的新单位。

对于有经验的咨询师而言，咨询者所在单位管理不善只是一小部分原因，很大一部分原因是咨询者不知道该如何调节自己，去适应工作环境和工作节奏。所以，他们潜在的任务是引导咨询者培养新的工作习惯，学会在不断地磨炼中提升自己，以便更好地融入现有的工作。否则窒息感还是会随着工作中不可避免的麻烦而来。

让它变得更好

在提交你的工作成果之前，对其加以改进是超出要求的关键因素。在你的职业生涯中，大多数时间里，上级交代你的任务就是把它完成。我记得，我在澳大利亚工作的时候，有一次临时接到新任务，为一个来访的美国同事做 PPT 展示的辅助工作。

当我帮她校对 PPT 的时候，顺手改写了很多单词的拼写，因为美式拼写和英式拼写不太一样，就像颜色这个单词，美式拼写是“color”，英式拼写是“colour”，澳大利亚人习惯用英式拼写。她并没有要求我去做这些事，但她最终注意到了。你会因为做的比要求的更多而被骂吗？当然不会！值得吗？在我看来，值得。

当我们公司的美国办事处有招聘新人的机会时，她点名要求我去，因为我用实际行动证明了，我所做的工作比要求我做的更好。

重新写自己的职位描述

出于必要，人们在找工作时总是被要求提供职位描述，但这并不意味着，一个不完整的职位描述代表你没有优秀的工作能力。与其等待你的绩效报告或者其他对工作进行评估的表格，不如花点儿时间重新写一下自己的职位描述，考虑一下自己该做什么，不该做什么，然后把它们写下来，以便下次如果有会议讨论你的职位职能的时候，你能更好地陈述自己的观点。毕竟，最有资格写你的职位描述的人就是你自己，因为它代表着你正在从事的工作。

永远不要向顾客提供烤焦的面包

即使没有人盯着你，也要保持一致性

曾经有段时间，我认为我的工作就是把烤面包尽快地送给顾客。

我刚从大学毕业的时候，在华盛顿市中心的一家咖啡馆打工。不仅如此，在研究生课程学习期间，我还同时兼职两份工作。当餐馆服务生是我比较喜欢的一份工作，因为每天都可以认识新的人，和他们聊天，远比一份只能独自坐在桌前的工作有意思得多。同时，我也比较善于和别人交流。

那时我还没有意识到，在饭店工作能够教会我如何与人沟通，尤其是和一个生气的人沟通。有一次，一位顾客在我犯了错后着实给我上了一课，让我终生难忘。

让我触动最大的一位顾客

我从来没有问过她的名字，但是我仍然记得她的模样。那天早上，种种迹象表明她心情并不好，她独自一人，打着电话，应该是在谈论工作上的事，好像是关于即将到来的选举和某个可能任何人都没听说过的法案，她的语气表露出她内心的急躁。

我猜她是个政治说客，出于礼貌，我并不想打扰她打电话，于是我就在一旁看着她，然后等着看是否有其他桌的客人需要我服务，我并没有询问她是否需要点单，这是我犯的第一个错误。

当她终于挂了电话，语气已经很不耐烦了，她冲我喊道：“我都在这等了快半个小时了，你是服务员吗？”

我点了点头，微笑着走过去，她看起来心情好多了，点了份煎蛋卷和烤面包，随后，她从包里取出一些文件，开始翻阅。

我在电脑系统上给她下了单。不得不说，我工作的餐厅有个特点，早餐的烤面包，总会有一面被烤得有那么一点点焦糊，我和同事通常的处理方法都是把好看的一面翻上来，我们总觉得大部分人应该看不出区别来。

但是，这位心情不好的女顾客显然不是那部分人中的一位，把那盘烤焦的面包端上去是我那天犯的第二个错误。只见她拿起面包，把它翻了个个儿，然后看着我。

还未等她冲着我喊，我赶紧拿起盘子，准备给她换一盘，心里琢磨着她会有什么反应，也许她意识到对我喊反而会浪费她的时间，所以她只是看着我，问了一句我这辈子都不会忘记的话："如果你早就知道面包烤焦了，为什么还要把它端给我？"

其实，再等一盘没有烤焦的面包，大概只要一分钟，但是我并没有那么做，而是直接把这个面包翻了个面端给了她。

正如你所料，那一次，我一毛钱的小费都没有拿到。

通过这件事，我领悟到，凡事不能只顾自己方便，而是要一直去做正确的事，即便没有他人的监督，我们也要保持正直，用诚实的态度完成工作。

如果没人监督，该怎么办？

在日常生活中，我们有多少次可以"偷懒"的机会？比我们想象的要多得多。大多数人的生活中，都没有监视器监督着我们的一举一动。即使有监视器，要做到不懒惰、不自私，也不是一件容易的事。

几个月前，我联系了一家小公司以及几个杂务工做一些家装活儿，先付了定金。第二天，我在网上找材料，发现工头推荐的这次装修所使用的一种材料正在打折，我心里顿时泛起嘀咕，总觉得工头早就知道这件事，却仍然按原价卖给我，他是准备把打折省下的钱留给他自己。

我还没来得及跟他确认这件事，就收到了工头自己主动发来的邮件，他在邮件里附上了装修材料打折的链接，并在邮件中承诺，等他购买完材料后就会把多收的钱退还给我。这真是我没有想到的情形，毕竟大部分人不会这么做。

他做的这个决定，让他直接少赚了200美元。这的确让我很受触动，我和周围很多人都说了这件事，这为他带来了后续的两个大工程。

事实上，正是他这种正直的行为，为他带来了更多的信任和更大的利益。

人生算法06：如何做一个正直的人

分享大家未曾期待的真相

有一些事实是无法隐瞒的，比如你的学历，你出售的产品是由什么制造的。但是现实生活中却鲜少有人愿意主动地和你说实话，尤其是在商业场合中。

比方说，我们从来不指望自己的老板在付完我们的工资后，还告诉我们他的净收入是多少。如果他说了呢？这种诚实就是乐于分享真相的最好例证。当你有勇气去和你的竞争者或者同事分享的时候，这种诚实也能让你从人群中脱颖而出。

履行你的承诺

在日常生活中，我们总是不自觉地做出很多承诺。比如，我们承诺一定会把某人介绍给某人认识，我们承诺一定会尽快回复某人。而正直的人一定会履行他的承诺，即使这个承诺看起来很小，很微不足道。

如果我答应会为某人牵线搭桥，那我一定会去做；如果我答应了别人会分享给他一本不错的书，过后我一定会发给他书名和购买链接。你要想有所成就，关键在于一定要坚持践行自己说过的话，这更像一种生活习惯，一种生活态度，若要养成，则需要长时间的坚持。

写上你的名字

不像许多其他的导师，当我给我的学生布置作业的时候，我从来不会设定最低的字数要求。我会让他们提交给我一个对指定主题进行深思熟虑，并且认真推敲修改的作业。如果他们用一句话就能把主题表达清楚，且富有说服力，我也并不反对他们这么做。

然而，有一件事我一直在坚持，就是让他们在作业上署上自己的姓名，然后公开发布到班级的博客上。这样，班里的其他学生都能看到，我会公开评分，并在每一篇作业后写一段评语。

我这么做的原因是利用互联网最本质的一点：你在网上公布的每一样东西都映射着你的人品，署名是我的学生对他们所提交作业的一种承诺，他们努力地完成了一篇经过思考的文章。

我仍然十分希望，有人能交给我一份打磨后精简得只剩下一句话的作业，可惜到目前为止，还没有人能做到这一点。

做一个异装癖

学会共情

弗兰克·拜尔德（Frank Baird）曾经有一个疯狂的想法。

弗兰克·拜尔德在加利福尼亚做社工和家庭治疗师时，主要负责一些因为家庭暴力（尤其是女性为受害者）而致使家庭破裂的咨询工作，他想找到一个新的方法来剖析和探讨导致家庭暴力的原因。在这个人人都在“抢眼球”的时代，弗兰克需要做一些能够引起大众关注，并让他们产生同理心的事情。

于是，弗兰克做出了一个大胆的决定：他要定期组织小规模游行，名为“穿上高跟鞋，走一英里路”。在游行中，受邀的男士们需要穿着鲜艳的红色高跟鞋，走一英里（约 1 600 米）的路。他想通过这个游行吸引大众的眼球，并引起所有人对家庭暴力及其背后原因的关注。截至 2017 年，美国各社区已经组织了 1 700 余次这样的活动。[6]

现在，家庭暴力俨然是一个全球性的热门话题，包括像碧昂斯这样世界闻名的歌手，或者像《女孩崛起》（*Girl Rising*）这样的主流电影，也都希望通过普及相关知识，给全球更多的女性带来希望和变化，从而打破女性遭受家庭暴力、缺乏表达机会的恶性循环。

异装癖的神话

男性穿高跟鞋走路的确有助于激发同理心。这也是异装癖的表现方式之一。而异装癖这个术语在今天已经有了新的含义。

我们生活在一个这样的时代：贾登·史密斯（Jaden Smith）穿上传统女性服装为路易·威登（Louis Vuitton）当代言人，在注册脸书（Facebook）、填写个人基本信息的时候，性别一栏已经从以前的 71 个选项，发展到现在没有任何选项的限制，大家可以随意填写。

可见，对于性别认知的改变提升了大众的包容度，除了传统意义上对性别的区分外，个体被赋予更多的权利，他们可以自由地自己做选择、判断。而 VR（虚拟现实）技术的迅速普及也对性别认知的改变起到了很大的作用。

虚拟共情是如何改变世界的

现在我们可以体验作为一名罪犯在监狱里生活，或是作为一名年轻人在贫民窟生活，甚至可以体验作为一头奶牛被牵往屠宰场的感觉。这些体验让我们深刻感受到他人身处困境时的深刻绝望。因此，我们也随之产生了更多的共情。这与弗兰克组织的“穿上高跟鞋，走一英里路”游行活动，在目的和效果上是一致的。

无论是通过穿高跟鞋走路，还是戴上 VR 眼镜，都是让你产生共情的方式，它能让你从另一个视角看世界，给你带来意想不到但很暖心的结果。正如一位名叫马克·西格勒（Mark Siegler）的医生所言，共情甚至可以改变你的职业生涯。[7]

4 200 万美元的故事

有一位名叫卡洛琳·巴克斯鲍姆（Carolyn Bucksbaum）的女人，有一天，她感觉自己身体不适，心中产生疑惑，却没有正当理由说服医生考虑她的想法，以便做进一步检查。这虽让人遗憾，但不得不承认，现实生活中，医生和病人之间的这种失衡的医患关系十分常见。

当每一位患者从医院走出来，手里拿着医院提供的各种打印材料，从未经证实的罕见病症的诊断结果，到让人难以置信的奇迹般的康复证明，无所不有。在专业的医护人员看来，除了感慨患者的无知，却很难产生出对他们的同理心来！

因此，巴克斯鲍姆的经历有着特殊的意义，然而，并不是因为她第一次消极的就诊经历，而是因为她去看的第二个医生——马克·西格勒——认真地、不厌其烦地听取她的种种疑问和想法，进而确认卡洛琳的自我诊断是正确的。

这让卡洛琳非常感动，她和丈夫一致认为，西格勒医生所使用的“共情方式”应该得到推广，应该有更多的医生去学习如何将这种方式应用到与病人的沟通和交流中。

于是，巴克斯鲍姆夫妇决定为推广共情方式贡献自己的一分力量，他们经营的购物中心赚了一些钱，为了回馈社会，他们决定捐出 4 200 万美元用于建设一个新的临床培训中心，专注于医疗专业人员与患者沟通的共情培训。巴克斯鲍姆夫妇只有一个要求，马克·西格勒医生必须在这个临床培训中心担任负责人。

人生算法 07：如何学会共情

想象一个富有戏剧性的背景故事

由于专业背景或个人背景的差异，你无法理解另一个人的行为，通常是因为你自己不会以这种方式行事。要提高自己的共情能力，必须试着去想象一个场景。在这个场景下，他们的行为是完全可以解释的。你会理解有人给你打了一通非常无理的电话，仅仅是因为他刚把一杯满满的咖啡洒在桌子上了吗？这还真有可能。

事实上，大多数情况下，我们并不知道正在跟你交流的人，在彼时彼刻到底经历了什么。你可以在自己的脑海中模拟一个场景，即使它完全是虚构的，这能够帮助你排除个人偏见，也能让你对那些平常难以理解的行为产生更多的共情。

谨防无意激励

人们的许多行为常常是由周围环境决定的。比如，客服中心的工作人员总想尽量减少与一个客户的单次电话沟通时间。可预见的结果是，他们会变得越来越粗鲁，字里行间也充满了不耐烦，并且想尽快接入下一个客户，而不是花时间解决这次投诉的问题。

如果你的新工作要求你在某个复杂的系统中，记录每一个小时自己都干了什么工作，那么你将很难去帮助你的同事做不是同一个系统的项目，因为你没办法记录你帮你的同事做了些什么。 在工作中，往往是因为激励方式的问题导致我们越来越自私，越来越不合作。如果这样的激励方式不改变，那么从根本改变那些欠妥当的行为就无从谈起。

询问他人的感受

当我们和另一个人交流的时候，我们总喜欢问诸如此类的问题：最近你去哪儿了？你都做了什么？却很少询问：你怎么看上去很难受？你生气了吗？

这些关于悲伤和生气的问题可以反射出对方的情绪，或是印证你根据捕捉到的面部表情所猜测的对方的情绪。但是，大部分时候，我们总觉得这类问题有些越界，或者会给你带来一个你根本不想要的答案，因此我们通常就选择不问这些问题了。特别是在工作场合，这听起来有点涉及个人隐私。但是，如果你注意到他们的情绪，小声询问一下，就是鼓励他们分享内心真实感受的好方法。当你询问他人的感受时，你会立刻产生同理心，这也是仅仅询问“你去哪里了”等一般问题所达不到的效果。

分享自己的感受，并且让自己看上去有些无助是快速建立信任、获得对方反馈的最佳方式。你分享的越多，你就越有可能让人们跟你分享。如果你得到了答案，尽量带着共情去倾听，这样可以帮助你与周围的人建立起更深入、更可信的关系——因为你花时间向他们询问了更为重要的事情，并花时间倾听了他们的回答。

养成“拖延”的好习惯

不求准时，但求及时

詹姆斯·邦德（James Bond）从未准时出现。

事实上，这也是邦德受到如此多的人喜爱的原因。他总能在最后的危急关头出现，力挽狂澜，像是爆炸前的最后一秒，女主角生命受到威胁的时刻等。邦德，如同所有动作片的男主角一样，并非只是照着手机里的日程提醒，凡事按部就班、按照规矩行事，我猜他的手机都不一定有这个功能。相反的，他能根据情况的变化，及时做出回应。

邦德不求准时，但总是及时！

而准时和及时的区别是什么？

准时，指的是有计划、一丝不苟、按部就班地做事，比如说按时参加采访，按时参加原定的饭局等，即自己许诺的事一定会完成，以体现自己守信的一面。

而及时，是指在对的时间去做对的事。

> 及时讲究的是能根据实际情况，做出相应的调整，并及时地做出时间的再分配，而不是盲目地遵从自己原定的计划。

真正掌握时间艺术的人，总是能在他们被需要的时候及时出现，给他人带来意想不到的惊喜，而且这类人更善于抓住机会，即使这个机会稍纵即逝。

周围总有很多人告诉我们要守时，但既然及时性是如此重要，你也许会好奇地问，为什么没有人教我们如何做到这一点？

同时也没有专门的课程来辅导我们，如何拖到最后一分钟，并能够在最后一刻献上我们最精彩的表演。

实际上对于大多数人而言，这样的课程极其重要。

“以防万一”教育理念的问题

从小学开始，我们接受的教育就与实际生活脱节。大部分学习的内容，都是建立在“假设”的情景下，为什么这么说？原因如下：一是我们学的大多内容是之前就编辑好的课本，用来反复使用；二是教育者们总是错误地认为，有一天，我们总会用到这些知识，或者我们以后从事的工作需要这样的知识背景。

像是微积分、美索不达米亚的历史、如何辨别五步抑扬格等诸如此类的知识，我们这辈子能用到的机会真是少之又少。更可悲的是，即便未来真的有了需要你熟悉了解这些知识的时候，其中的大部分内容你已经无法清晰地回忆或者使用了，因为这是你多年前学习的，距离现在已经相当遥远了。

随着年龄的增长，这种情况会越发明显。以工商管理学专业为例，整个课程为时两年，这个专业的范围比较广，所学课程也较多，涵盖了企业管理、经济学、会计学、市场管理学，以及人力资源等。可预见的问题是，大部分学生有可能多年以后才能用到所学知识，前提还是他们会从事相关的管理类工作。

而现在，更多的教育人士提出的问题解决方案，即通过多种方式提供给人们更多的“及时性”教育，比如专业培训、实习，或是其他能直接提供培训者所需知识的方式。[8]这样的培训才更有价值，能帮助所学者解决现实问题，从而面对更大的挑战。

为什么时机决定一切？

在传统教育中，问题的症结在于，相比于“准时”，我们还未意识到“及时”的重要性。事实上，学会把握时机远比教育要重要得多。

产品发布的时间、录用决定，甚至于是否能遇到对的人，都需要时机。在任何情况下，都没有一个确切的时间表能标记出某个特定事件发生的最佳时机。

如果时刻关注手机或是健身追踪器上的时间并不是我们把握时间最好的方式呢？如果你能忘记时钟的存在，反而能更好地根据自己的经验去判断何时为最佳时机，而不是盲目地依照你所制订的计划来行事。

我在这里向大家推荐一个有效判断时机的窍门，那就是思考自己所制订的计划对于时间的影响。你可曾出现过这样的情况，当你快要出门的时候，因为忘带钥匙、手机或是充电器而打乱了你一天的计划？

即使你仍然按照既定的计划走出家门，这也是对时间的一种浪费，因为我们一整天都会坐卧不宁，更别提什么效率了。我们需要改变我们的计划模式，尽量在第一时间避免这样的突发状况，别让它在最后时刻毁了我们的计划！

而掌握正确的“时机”，更需要我们在关键时刻，找到我们要使用的东西。举个例子，詹姆斯·邦德总能在拆炸弹的时候找到钢丝钳。

人生算法 08：如何做到更及时

有计划地拖延到最后一分钟

有些事情很紧迫，但并不是你要做的所有事都是如此。很多时候，我们会有计划地往后拖一拖。举一个日常生活中常见的例子：假如你发现家里的牛奶没了，你是会立马就去超市买，还是和其他东西一起把它加到你的购物清单上？

这就是我要说的战略性拖延——你将需要做的事情延迟到你能优化的最佳时间去做。在工作上，我们亦可如此。比如说，你要编辑一封邮件，但有些话不知该如何表达，你可能花了一个小时还无法解决，与其这样，还不如关上邮件，至少几个小时后再去看它，说不定就有了新思路，所有的问题都迎刃而解了呢。高效率人士总是知道如何规划好自己的时间，以及在什么事情上可以适当地拖延。

专注

在信息量爆棚，社交网络如此发达的今天，每天总有很多事让我们分神。如何提高我们的专注力？去年我就尝试着摆脱日常生活中的科技干扰。我关闭了手机中所有的提醒，同时删除了手机上大部分社交软件，取而代之的是一个个独立的文件夹。比如说，我需要连续点击三个文件夹才能访问到照片墙。

我还删掉了手机里所有的游戏。同时，我下定决心，在吃饭时绝不使用手机，不仅如此，我开始把手机放进包里，而不是口袋中，这样我就想不起来去看它。

你倒不用像我这样走极端，但关键是，在科技产品的使用方面要给自己设限，让自己学会专注，而不是被手机操控！

增加自己的“及时性”学习

“及时性”学习不一定要像培训那么正规，它可以发生在任何时候，比如准备一场会议，提前预习第二天要学习的知识等。当我决定创立自己的出版公司时，我不得不恶补很多知识，从了解图书印制如何选择各种各样的覆膜和 UV 印刷（一种通过紫外光干燥、固化油墨的印刷工艺），到学习如何编辑机器代码和元数据等。

为此，我专门聘请权威自由出版人，按小时付费，向他们咨询我能想到的任何问题。此外，我还大量阅读各类出版物，参加各种培训课程，尽力让自己融入周围都是出版专家的圈子（从印制到做主题索引）。随后的两年中，在印刷与出版方面，我差不多已经达到了研究生的水准——而所有这一切，都能帮助我更好地经营自己的出版公司。

第三部分

更好地交流

让其他人哭出来

用故事打动他人

当好莱坞独立制作人杰瑞·温特劳布（Jerry Weintraub）决定翻拍弗兰克·辛纳屈（Frank Sinatra）的电影《十一罗汉》（*Ocean's Eleven*）的时候，他有一个近乎疯狂的想法：他要找当时好莱坞最火的演员来出演这部电影。每个电影圈中的人都告诉他，这个想法几乎不可行，因为这需要大量的资金，但温特劳布还是决定试一试。第一步，温特劳布决定拜访他非常熟悉和尊敬的两位老朋友——演员乔治·克鲁尼（George Clooney）和导演史蒂文·索德伯格（Steven Soderbergh）。他成功地说服这两人加入《十一罗汉》电影的制作，乔治·克鲁尼和史蒂文·索德伯格在确认加盟后，也很快加入电影的招募团队，劝说其他明星加盟。

尽管初试牛刀，小有成功，但显而易见的是，没有哪部电影有如此巨额的预算，能够负担这些通常拿百万美元薪酬的演员，而且这些演员通常都出演主角。像温特劳布在他自己的回忆录《当我不再说话的时候，你就知道我死了》（*When I Stop Talking, You'll Know I'm Dead*）中说的，剩下的演员的加入全靠乔治·克鲁尼和史蒂文·索德伯格与那些演员之间的私人关系，以及他俩讲故事的能力。

乔治·克鲁尼和史蒂文·索德伯格分别单独拜访了他们希望能加盟电影的每一位演员，同时用非常有创意的讲故事的方式去说服这些演员参演电影《十一罗汉》，但所拿的报酬将仅是他们原来片酬的极小部分。举个例子，当他们把剧本给茱莉亚·罗伯茨（Julia Roberts）的时候（当时她拍一部电影的薪酬是 2 000 万美元），附上了一张 20 美元的支票，并写了一张小纸条：我们知道你每部电影的薪酬是 2 000 万美元，但是拍这部电影你只需付出很少的精力。当茱莉亚同意后，他们又用同样的方法说服了安迪·加西亚（Andy Garcia）、马特·达蒙（Matt Damon）、唐·钱德尔（Don Cheadle）和布拉德·皮特（Brad Pitt）。这些大牌明星加盟的原因是，他们的朋友也加盟了这部电影。

拍摄《十一罗汉》的背后的故事，不仅让我们意识到人际关系的重要性，更让我们见识到了讲故事的力量。当你声情并茂地讲述一个故事时，人们会记住它并予以回应。有时候，甚至会有观众因你的故事而落泪！

这就很容易理解，为什么导演和演员会用讲故事的方式去说服其他演员来参演，但是如果一个领域看似和讲故事这个概念毫无关联，也能达到相同的效果吗？正如神经科学对于人是如何处理信息的最新研究成果证明，相较于其他信息类型，故事是一种较好的方式，因为大脑是直接使用情感作为决策的一个关键因素的。

故事通常都带情感、有温度

在过去的10年间，大量畅销书籍，包括《摇摆》（*Sway*）、《怪诞行为学》（*Predictably Irrational*）等都表达了这样一个主题：当涉及我们做决定时，情感远比逻辑重要。心理学家德鲁·韦斯滕（Drew Westen）在他开创性的书《政治头脑》（*The Political Brain*）中发现，情感甚至会告诉我们该把选票投给谁。所有这些研究的重点在于打破这样一个命题：所有的决定都是在符合逻辑的基础上权衡利弊做出的。

> 事实上，我们依赖情感去做决定并非坏事，这是人类的本能。

虽然在商业领域，情感似乎没有得到应有的重视，反而PPT和项目符号这两种方法被较为普遍地使用，通常用于罗列合乎逻辑的重要信息，但是世界上最受尊敬的演说家和领导人，包括纳尔逊·曼德拉（Nelson Mandela）和比尔·克林顿（Bill Clinton）却深谙其道，亦遵循情感的力量。像著名电影工作室皮克斯（Pixar）或类似可口可乐（Coco-Cola）这样的广告商也深得个中精髓。

无论是在电影、图书，还是在广告中，故事都有能力把幻想搬到现实中，并由此搭建起理解的桥梁。不仅如此，在正确的时刻适当地利用故事，还能给你带来财富。

2 600 万美元的项链

琳达·雷斯尼克（Lynda Resnick）这个名字，大多数人可能没怎么听说过。或许她的名字不像埃隆·马斯克（Elon Musk）或者理查德·布兰森（Richard Branson）那样家喻户晓，但她是美国近 20 年来最杰出的企业家和营销家。琳达经营的品牌更具辨识度，而且一直处于创新的核心。

琳达和她的丈夫斯图尔特（Stewart）所运营的公司，开发并销售斐济水（Fiji water）、完美石榴汁（POM Wonderful juice）和万多福开心果（Wonderful Pistachios）等产品。她还创立了柑橘品牌“小可爱”（Cuties），后来又改名为“光环”（Halos）。然而，她受故事启发开展营销的最好的例子，是她从苏富比（Sotheby）拍卖会上购买的杰奎琳·肯尼迪（Jacqueline Kennedy）庄园拍卖的一串仿制珍珠项链。

这条珍珠项链现在已经成为美国历史的一部分，这要归功于许多照片证明它是杰奎琳·肯尼迪［作为前第一夫人和被暗杀的美国总统约翰·肯尼迪（John Kennedy）的遗孀，她在美国家喻户晓］最喜爱的首饰。杰奎琳的这条珍珠项链最初从25 000美元起拍，但雷斯尼克最终以211 000美元的高价拍下。

你可能会想，这不就是一个亿万富翁奢侈放纵的行为吗？但不尽然。雷斯尼克在拍卖后，立即委托公司开始制作复制品，并将其与一张漂亮的珍藏卡和杰奎琳戴着这条项链的照片一起打包成套餐，与电视购物频道合作，以每套200美元的价格迅速卖掉了130 000套，净利润超过2 600万美元。

为什么这条仿制项链的销售能如此火爆？

原来，女人们购买这条项链后，一下子感觉与美国历史上的一个标志性事件产生了关联。当她们戴上这条项链时，她们就有了一个故事可以与她们遇到的人分享。就像雷斯尼克告诉索尼电影娱乐公司前首席执行官彼得·古贝尔（Peter Guber）的那样，古贝尔也在他的书《讲述铸就成功》（*Tell to Win*）中引用了这个案例，故事是关键，讲得好的故事，其价值可以带来数百万美元的净利润。

为什么人们喜欢听故事?

读完杰奎琳·肯尼迪项链的故事，你可能感觉这看似有点太简单了。你能仅凭讲个好故事就赚到几百万美元吗？是的。人最有趣的事实之一是，越往上走，他们就越有可能相信自己的直觉。

我的第二本书《喜好与信任》(*Likeonomics*)，主要专注于分析我们倾向于从喜欢的人那里买东西或与他们做生意的原因，这类人拥有同样的特质，他们都喜欢通过讲故事的方式增加和他人的沟通交流，并通过分享故事，来建立彼此之间的联系或信任。

任何人在选择相信你之前，一定对你充满信任。

你可能并不是总有机会与首席执行官甚至是决策者会面。

你也不需要像琳达那样，拥有一个大公司的经营决策权，才有机会体会故事的强大力量。你只需看看如今的社交媒体，你就能有所体会。

什么是社交媒体分享最多的项目？是故事，是来自新闻媒体或其他类型的故事。碧昂丝怀孕的照片曾是照片墙（Instagram）上最火的图片。为什么？因为它以一种直观而又脆弱的方式展现了这位流行歌星接地气的一面。

这有力地印证了研究思想传播的社会心理学家不断发现的一个最重要的事实：相较于事实，人们更倾向于去回应故事，并与他人分享。

这也是我目前在乔治城大学教授演说和营销课程的原因，这也能理解，为什么这么多公司急于将他们的团队成员训练成更好的演说家。

人生算法 09：如何更好地讲述你的故事

只需做，无须说

如果我告诉你，在零售业中，美国好市多（Costco）创始人詹姆斯·辛尼格（James Sinegal）所经营的仓储超市中的零售业务员工流失率最低，是因为他采取了扁平化的管理方式，即由决策者直接面对职能部门和基层生产单位，实施“面对面”的管理，你是不是会觉得有点难以置信？但是，如果我告诉你辛尼格在管理中的一些真实故事，你或许就不会这样想了。

辛尼格每天都会到全国各地的店面巡视，而且每次都佩戴着上面只写一个昵称“吉姆”（Jim）的胸牌，他会直呼员工的小名，而且总是关切地询问店员家人的情况。[9]这是典型的扁平化管理风格，但以故事的方式去解释会让它更加贴近生活，更令人印象深刻，也能加深别人对他的了解。更重要的是，辛尼格甚至不用自己讲故事，因为他与员工的互动，已经让员工有足够多的故事想与他分享了。

让故事更真实

故事需要真实的人物，而人们易犯的错误之一是，他们的演讲或书面作品中总有加工和雕琢的痕迹。你在网上发布个人资料时，是使用第一人称还是第三人称？若想故事显得更加真实，最基本的方法就是切换到第一人称，并确保你分享的故事包含真实的人物和情境。正如你在本书中看到的那样，我分享了许多我自己的故事和别人的故事，以便让你对我的生活以及其他人有更深刻的了解，并且能从中有所收获。我希望通过分享真实的故事，让读者对书中提供的人生算法有更加深刻的印象。

从历史故事中获取灵感

当我发表“用演讲的力量来建立信任”的主题演讲时，我分享了一个如何把肉桂卖出去的历史故事。

肉桂这种香料有一个有趣的背景故事，中东香料贸易商曾经根据神话杜撰了愤怒的“肉桂鸟”的奇闻。故事说，肉桂鸟在名叫肉桂棒的悬崖上筑巢，捕获肉桂的唯一方法是让猎人英勇地攀登这个悬崖，并与肉桂鸟战斗，最终才能窃取肉桂。想要得到肉桂需要经历如此千难万险，这样似乎就让当时肉桂的高价出售变得合理了。[10]

那些可怜的商人，他们的骗局被揭穿只是时间问题。

我在讲台上分享这一故事的目的是提醒我的听众，故事可以用于积极的方式，也可以被当作工具来操纵他人，所以我们应该在不违背道德原则的基础上分享故事。相较于其他任何方式，使用肉桂这一历史故事来表达我的观点更令人难忘，也更具说服力。

学会打断

做一个积极的倾听者

最近有一个针对电视观众的民意测验，让观众评选出他们最喜欢的脱口秀主持人，艾伦·德詹尼斯（Ellen DeGeneres）凭借压倒性的支持率名列榜首。[11] 其实，即使没有这个调查，艾伦·德詹尼斯早已凭借她的坦诚和极富张力的采访闻名于脱口秀界，被她采访过的名人更是不计其数。

在她的职业生涯中，她采访了各种各样的人，从电影明星到乐坛偶像，再到政坛领袖。艾伦能名列榜首，其中一部分原因在于她拥有的粉丝众多，而且她已经和粉丝建立起充分的信任关系，但最根本的原因是，艾伦·德詹尼斯是一位非常优秀的倾听者。

艾伦是如何倾听的

艾伦不仅是一名成功的主持人，更是一位优秀的倾听者。而我们中的大多数人，也一直被告知倾听的重要性。从我们还未踏入学校起，就有很多人跟我们强调凡事要少说多听。如果这样的陈词滥调不能引起你的共鸣的话，我还能列举很多例子，提醒我们学会倾听的重要性。

但真正的问题是，没有人教我们如何去定义优秀的倾听者。相反，我们学到的是沉默的倾听，也就是在别人说话的时候闭紧嘴巴，将所有的注意力都放在说话者身上。

但是，如果只做一个沉默的倾听者并不能有效地开展对话或是进行采访呢？有没有可能做一个好的倾听者的前提是，你首先要学会适时地打断他人呢？

打断的艺术

如果你仔细观看艾伦所做的每一次采访，你会惊奇地发现，在倾听与打断方面，她能够掌握较好的平衡。有时候，她会专注地倾听，然后进行一些提问，确保谈话的连续性。但是当她与嘉宾进行交流的时候，她时常会打断别人的话，也会对嘉宾的话做一个总结，有时还会讲一个关于自己的小故事。

但是她的打断并不是以自我为中心的，或者让对方感到不舒服，尽管有时候为了保持谈话的连续性和深度，她也会使用一些押韵的语言调侃一下，但是她的打断保障了交流的顺畅性，也能从交谈中引申出很多新奇的观点。可见，适时地打断可以用在任意一场谈话中，只要方式正确，它反而能增加更多的互动。这就是说，要成为一个积极的而不是被动的倾听者。

人生算法 10：如何成为一个积极的倾听者

少附和，多问细节性信息

经理人教练奥利维娅·福克斯·卡巴恩（Olivia Fox Cabane）曾经从事培训工作，教授领导者如何更具领袖魅力。在其出版的《精英的人格魅力课》（*The Charisma Myth*）一书中，她提出了一条建议，即减少和他人交流中点头附和的次数。她教你如何控制经常点头的自然冲动，这样有助于消减人们认为你只是在被动地等待着自己的发言机会的想法，因为点头会显得你毫无耐心。比方说，如果一个人向你分享他的假期旅游的经历，你不要只是一味地点头，可以问一问他在旅行中是否有什么趣事，或是哪一刻让他较为难忘，或者是否有他希望可以多加停留的地方。人们通常不会问这类问题，但是这样打断式的发问反而有助于增强话题的广度与深度。

使用反馈性语言

咨询师在其专业培训中会学习很多咨询技巧，其中之一就是要学会使用反馈性的语言。比如说，“我听到你说……”或者“你刚才说的有一点我发现特别有趣……”。诸如此类的话是艾伦经常使用的，她经常会重复嘉宾话语中的关键词，而这些话也许听众刚开始并没有太在意。无论你说什么，关键在于你能熟练地掌握和运用这类反馈性语言，这样它们才能发挥应有的功能，让你成为一个积极的倾听者！

按着“剧本”走

在一段即兴对话中，你肯定不想一不小心让交流走进死胡同，也就是通常说的“把天聊死”。即兴聊天的技巧是接受对话的大前提。举个例子，如果一个人问你在农场长大是什么样子的，你千万不能直接回答“我是在城市长大的啊”，如果你这么回答，那么这个天也就聊到头了。相反，你要跟着剧本走，在即兴聊天中，这种思维模式被称作“的确如此，而且……”。[12]

所以在上面的情境中，你应该聊一聊，在农场你是如何照料动物的，或者你是如何长大的，但是你真正向往的生活却不是那里，等等。我们日常的对话也是相同道理，多问一些开放式的问题，不断地激励对方开口，增加双方的话题，这样我们的对话才会越来越有深度、有意义。

永远不要吃菜花

要有自己的观点

我非常不喜欢菜花。

菜花一直是我最不喜欢的“食物”，我讨厌它的味道，讨厌它的样子，还讨厌它的口感。我认为它甚至不能被叫作食物。曾经有一段时间，我对菜花抱着不屑一顾的态度。我会礼貌地笑笑，然后不声不响地远离它。聚餐的时候，不好驳主人的面子，我可能会稍微取一些菜花到自己的盘子里。最关键的是，菜花是印度菜最基本的食材之一——而你会发现，想要拒绝印度籍东道主的食物，几乎是不可能的。

有一天，我决定不再勉强自己了。我暗自决定如果我再被邀请去参加晚宴，要是有人问我有什么忌口的，我一定会告诉他我不吃菜花。

看到这里，有些人可能就笑了，有些人会问我是否对菜花过敏（实际上我并不是过敏，就是不爱吃）。也许有的人还想试图说服我，让我去尝试一下只有他们知道的关于菜花的菜谱，我就一定不会对菜花那么嫌弃了，但是每次都被我拒绝了。

在我看来，无论怎么做，菜花都是最让人难以下咽的食物！

在你指责我挑食之前，我要告诉你，其实实情并非如此！

我曾经在香港吃过酥炸蟋蟀，在挪威吃过鞑靼鲸肉，在最近一趟的中国之行中，我是餐桌上唯一一个（甚至包括中国人在内）点了沙嗲猪腰的人。如果有人告诉我在什么地方有什么美食，我一定会忍不住去尝一尝。我就是那种勇于尝试各种美食的旅行者。

当然，除了菜花。

慢慢地，我对菜花的憎恶，竟成了其他人记住我、了解我的一种别样的方式。我戏称自己有“菜花恐惧症”，正是这个奇葩的特征，让人们对我印象深刻。

是的，这个听起来确实很奇怪，但我不介意与他人分享我的观点，表明我对菜花深切的憎恶之感。

有些人开始相信……

许多律师在他们的职业生涯初期，在法学院培训中学习的最基本的技能之一就是，如何在不表现个人偏见的情况下做出合格的陈述。

在法庭辩论中，为了表达通常所说的不确定性，他们会使用“看起来”“表明”等词语，或者会用“有一些人认为”等当作开头，从而避免在陈述中带有自己主观的偏见。

因为表明自己态度的用词可能成为你在法庭上被反驳的论据。但是，在商业领域和日常生活中，能有自己的观点是非常可取的。

在处理一件事情时，能否持有自己的观点，决定着你到底是一个积极的、主导的角色，还是被动地、服从命令的盲从者。

通常，我们寻找有想法的人，听取他们的意见，希望他们给予我们一些指导。然而，这并不是让你信口开河，也不是让你故步自封。你不必说些你身边的每个人都同意的观点。不过，你必须要坚持自己的观点，即使这个观点是——我对菜花有着不合逻辑的厌恶。

拥有自己独特观点的人绝不会言听计从。他们因自身坚定的信念赢得尊重，同时他们也会随着事情的发展不断自我进化。

允许被说服

10 多年前，当科幻小说家艾萨克·阿西莫夫（Isaac Asimov）被问及对兴起的反智主义（anti-intellectualism）有何看法时，他说出一句名言：在美国，有一种对无知的崇拜，民主被错误地理解为“我的无知应当享受和你的博学一样的社会认同感”。

坚持自己的观点固然很好，但这是基于自己对其有一定的认知。我对菜花的厌恶或许看似有些不合逻辑，但这并不是无理无据的。我非常清楚地知道菜花的味道，毕竟我小时候经常被逼着吃菜花，那种味道至今让我记忆犹新。

在美食方面，你总是可以有自己的观点。当涉及更大的事情时，重要的是学会如何做到如作者艾尔·比坦帕里（Al Pittampalli）写的一本书的书名那样：《允许被说服》（*Persuadable*）。

··

允许被说服，意味着在有证据表明自己一直以来的想法是错的时候，愿意改变自己的想法。

··

这也意味着，以他人的视角去想问题（这是我们在“做一个异装癖”一章中学到的东西）。

既要坚持自己的观点，又要允许自己被说服。这是一个很微妙的平衡，我也知道这很难做到。你必须有足够的力量来构建自己的观点并且能够坚持它；同时你也要保持开放的态度，以便在信息更新的时候做出适当的改变。

人生算法 11：如何有自己的观点

学会将信念和事实分开

人们总是很难将他们相信的事情与客观上可以证明的事实区分开。媒体在任何一个细节上有失偏颇，都可能导致你做出错误的假设，他们甚至可以通过简单地扭曲事实来证明任何观点。透过这一点，我们可以重新审视一下现在网络上流行的虚假新闻，它们真是被用来掩盖真相的完美手段。

但是，处在媒体无处不在的环境中的好处在于，如果你想寻找资源来印证自己的观点，你总是有办法找到相关的证据。事实上，分辨媒体信息是否存在误导性，是每一个人都该具备的基本技能。世界各地的许多高中和大学都将“新闻素养”列为学生的一门必修课。

别当笨蛋

文学院的学生一定会学习的技能之一就是如何思考。尽管学习如何思考并不意味着需要取得一个大学学位（尽管掌握了这个技能的价值就等同于获得了一个专业学位），但是它的确需要你有足够的自信去构建自己的观点，并在适当的时候表达出来。

当个笨蛋的意思是说，在没有任何事实、依据，也没有能力的情况下选择相信一个观点，并为其争辩。

如果我是在没有尝过菜花味道的情况下，就抱怨菜花的味道，并无缘无故地讨厌它，这会让我成为一个笨蛋。也就是说，在没有任何证据或经验的情况下，因为你相信它，就不接受别的观点，一味地为自己原有的观点争辩——这就是愚蠢的。此时，你能做也应该做出更好的选择。

待在一个不显眼的位置

“应声虫”（yes-man）的标志就是盲目地同意老板说的所有的话。尽管行为心理学家发现，在一个群体中，从众是人类的本能。心理学家称之为“沉默的螺旋”（spiral of silence），即大多数个体会力图避免由于单独持有某个观点和信念而产生的孤立感。

战胜“沉默的螺旋”的方法，就是我们在辩论课堂上经常使用的，同时也是最好的方法，那就是剑走偏锋，刻意去选择别人不去选的那种观点，由此而展开的辩论也算是对自己的一种挑战。这样的行为，尽管有时候会让你周围的人感到不悦，但是对提高自己的整体认知非常有用，因为在争辩中，你不得不去思考与你所持观点完全相反的观点，即转换一个角度去思考问题。

记号笔的神奇之处

简化所有的事情

大约 7 年前，来自普林斯顿研究院的丹尼尔·M. 奥本海默（Daniel M. Oppenheimer）做了一个让人着迷的实验，所有大学的教师，尤其是需要给学生布置作业的教师，都应该仔细学习这个实验。[13]

在这个实验中，所有参与实验的本科学生需要匿名回答，在写作中，为了显示自己的专业性而使用“大词”（larger words）的频率。果然，大部分学生都承认自己经常这么干。奥本海默紧接着分析了那些审读作业的人是如何根据所改文章来判断作者的专业能力的。

你也许会认为，那些经常使用“大词”和复杂语句的同学应该被认为更聪明、更专业。然而，结果却恰恰相反。

换句话说，你所使用的无关紧要的专业词汇越多，反而会显得你越傻！

写作的关键在于内容的简化，而不是让其更加复杂。但是要做到这点并非易事，需要花费很多的时间去练习。大部分政府文件和法律文件又长又复杂是有一定原因的，若要精简其内容，并保证意义的完整性，需要大量的工作和时间，而这恰恰是制定者所缺少的。

而且，仅仅是花费时间也不一定就能保证，你在简化观点的同时还可以保持内容的完整性。那么是否有什么科学的方法或者手段能帮助我们达到这一目的呢？

学会使用记号笔和便利贴

畅销书《餐巾纸的背面》（*The Back of the Napkin*）的作者丹·罗姆在书中指出，用图画这样的方式，可以有效地简化和解决工作中的难题。

丹·罗姆游历世界各地并召开研讨会，针对用图画解决问题这一主题，培训了成千上万的专家，让他们从怀着“不知如何下笔”这种想法，到拿起一支记号笔开始画一些简图。

几年前，我有幸参与过一次他的学习课程。当时我正在为一个全球销售团队工作，这个销售团队的合作伙伴都是世界知名的品牌，每一单都是数百万美元的广告合同。而我们工作的主要内容是将设计好的广告内容和广告“故事”，以视觉形态的方式呈现出来，类似于电影制作者标记电影的故事线。而我的工作内容，则是为一个足球场地的广告拍摄进行分镜头脚本的编绘[①]。

鉴于这次工作内容的特殊性，我努力地想要简化我们的构思，于是我决定在便利贴上把想法记录下来。当时我手边只有一支记号笔。当我开始记录的时候，我很快意识到，一支记号笔、几张便利贴，意味着我的发挥空间很小，每张纸上只能容得下几个字。

突然间，我意识到，如何描绘抽象的概念变得异常重要。我必须知道如何选择最恰当的词，因为没有空间让我长篇大论，我不得不将信息进行简化。

① 在实际拍摄或绘制之前，以图格故事的形式来说明影像的构成，将连续画面以一次运镜为单位做分解，并且标注运镜方式、时间长度、对白、特效等。——译者注

信息简化的优势

信息简化的优势并不局限于你表达自己观点的方式，或者你用什么样的笔来记录你的想法。现在很多知名品牌或公司都声称，他们的成功大部分都归功于他们对简约的追求。

史蒂夫·乔布斯的官方传记作者沃尔特·艾萨克森（Walter Isaacson）指出，正是乔布斯对简约始终如一的追求，让苹果公司成为当时世界上最有价值的企业之一。而随着乔布斯的离世，很多其他的公司也逐渐开始认同并传承了这一设计理念。

著名的世界品牌，如照片分享应用色拉布（Snapchat）、电商亚马逊（Amazon）、互联网眼镜品牌沃比·帕克（Warby Parker）、收费视频网站网飞（Netflix）等，也都将简约这一理念融入产品设计中，而这也是它们能从众多竞争者中脱颖而出的原因。在这个日趋复杂的世界，简约成为企业或个人终极的竞争优势。

人生算法 12：如何简化所有事物

意识到“知识的诅咒”

还记得那本包裹着我的新书封面的《让创意更有黏性》吗？

我从这本书的作者奇普·希思（Chip Heath）和丹·希思（Dan Heath）身上学到的东西之一就是关于“知识的诅咒”。他们是这样解释这个概念的：“问题在于一旦我们知道一件事，比如说，音乐的旋律，我们就会将其内化为大脑深层知识体系中的一部分，这样的知识对我们来说反而是一种诅咒，我们会发现很难与他人分享，因为我们不知道该如何解释一个在我们看来已经是约定俗成的事物。”

在生活中，我们都或多或少遭遇过这样的“诅咒”，当你无法删掉脑中已有的知识时，我们更应该去留意那些被我们视为理所当然的事情。最有效的方法之一就是，强迫自己向不了解你熟知的话题的人解释你所了解的和知道的。随着练习次数的增加，通过观察人们从中学到了什么、忽略了什么，你简化知识的能力也会逐渐增强。

动手画而不是动嘴说

大部分人都是视觉学习者，他们对图案的识别能力要远远超出对文字的理解。这意味着画画不仅能够帮助你将一个复杂问题的方案可视化、形象化，而且有可能是针对大部分人唯一的解释方案。举一个相当经典的例子，退回到 1966 年，在圣安东尼奥的一个酒吧里，一名飞行员和一名律师在喝酒，他们只凭一张餐巾纸，以画简单三角形图案的方式来讨论他们将要开通的一条新航线。这条航线连接着得克萨斯州的三个城市——休斯顿、达拉斯、圣安东尼奥，一天内多次往返，一周七天。正是这次的讨论造就了现在著名的西南航空公司。而现在，西南航空公司总部还完好地保存着这张充满传奇色彩的餐巾纸。[14]

使用平实的语言

在学校里，老师在英语课上强调的重点并不能帮助我们在工作中取得成功，“生僻词”的运用纯粹是词汇量的展示，能让它崭露头角的地方，多半与学习相关，像高中作文、拼字游戏或大学的比较文学课程。但若是谈到工作中人与人之间的交往，你不必拥有惊人的词汇量。更关键的在于，你能否将它们转化成你的输出词汇，要做到这点十分简单，随便打印一篇文章，大声地把它朗读出来，如果听起来不像是你能表达的语言，那就把它换掉吧。

第四部分

更好地连接

把你的玩具放在外面

建立更多的联系

我的别墅里面有成堆的乐高积木。不过，它们并没有被整齐地码放在盒子里或者游戏房里，而是经常散落在外面。它们藏在沙发里或是其他地方，清早光脚在家里走的时候，偶尔还会硌到我和孩子们的脚。尽管这些“满世界跑”的乐高积木总是给我和家人带来不便，但我还是非常喜欢乐高积木。

作为两个男孩儿的父亲，我会花大量时间陪孩子用积木搭建筑物和宇宙飞船。刚开始的时候，最容易搭建的就是塔了。你要做的就是一层一层往上搭，直到它因为承受能力不足而垮塌。

我发现有一个小方法，可以用乐高积木稳定地搭建的任何东西，那就是重叠地搭积木。

当你重叠地搭积木的时候，你可以打好一个不易断开的地基，保证整体的稳定性。在某些时候，这是所有小孩儿在搭高塔或者宇宙飞船之前都需要学习的一个技能。

在你学会使用这个小窍门儿以后，你的大楼就不会很快倒塌。因为你付出了很多的努力，你也会更加享受堆积木这个过程。但是，你最后可能做了一件父母告诉你不能做的事——把玩具丢在外面，而没有把它们收进箱子或是放进游戏房里。

如果你在人际关系上也是这么处理的呢？跟尽量多的人认识并且建立连接确实很容易。这种疯狂收集名片的心理和你疯狂地一层一层搭乐高积木相一致：看似让人印象深刻，但是和堆乐高积木一样，离最后的崩塌也不远了。

所以，正如我们如何避免积木崩塌一样，人际交往中建立连接最好的方法就是搭建重叠的联系。

成功人士更倾向于建立一个社交关系网，而非只是通过名片或以网上申请好友的方式建立单独的联系。

在复杂的人际关系中，连接者起着桥梁般的作用，他们将所有的人联系到一起。而越来越多的证据表明，我们每个人拥有的真正有价值的社交圈其实非常有限，当你意识到这一点的时候，就明白为什么搭建桥梁会如此重要了。

为什么科学家说一个人最多只能有 150 个朋友？

人类学家罗宾·邓巴（Robin Dunbar）经过 20 年对社会关系的研究，发现了一位名叫比尔·戈尔（Bill Gore）的企业家的奇怪故事，这位企业家就是著名的户外冲锋衣面料戈尔特斯（GORE-TEX）的发明者。有一次，戈尔从工厂车间走过，忽然意识到，他的工厂雇用的员工越多，员工们就越不可能努力工作，或者他们容易产生这样的感觉，自己与这个公司没有关系。为了改变这个现状，他做出了一个大胆的决定，这个决定让所有员工都感到震惊，当然，还有工厂的投资人。

戈尔决定，把自己每个工厂的员工限制在 150 名以内。当企业扩张的时候，他会建立一座新工厂，然后招聘同样数量的工人。这个明智的决定提升了工人的归属感，培养了他们的集体意识，让整个工厂的运作更加高效了！但是为什么是“150”这个数字？邓巴很感兴趣。他针对这个数字开展了一项研究，结果表明，150 个左右的朋友是个体在任何情况都能保持稳定关系的数量。

“邓巴数字”[15]（现称）背后的科学表明，我们只能与有限数量的人建立真实的连接。在这个充斥着大量社交媒体的时代，“150”这个数字似乎很难令人相信。在你使用的各种社交平台上，你所拥有的朋友数量可能是这个数字的 10 倍以上。

尽管你与每个人都存在一些表面上的连接，但事实上，我们可以真正了解的人数有一个天然的限制，随着时间的推移，你的社交圈必然会发生变化。

与此同时，你已经知道，那些能够取得成功的人，不止懂得如何正确地择友，更懂得如何建立一个对个人生活和职业生涯都有利的社交圈。

不要自己一个人吃饭

如何去建立属于自己的社交圈呢？更重要的是，在你迫切需要找到一份新工作，或者当你搬到一个新城市，在没有朋友或家人、自己孤苦伶仃的情况下，你该怎么做呢？

基思·法拉奇（Keith Ferrazzi）在他的畅销书《别独自用餐》（*Never Eat Alone*）中写道：做好这件事的关键是，你愿意参与到别人的对话中去，不带任何功利性，真诚地与他人沟通交流！

他的观点很明确，首先要无私，想着如何在帮助自己之前帮助别人，愿意付出时间，主动与他人沟通。这些是构建一个有效的社交关系网的基础。

人生算法 13：如何成为社交网络中的桥梁式人物

通过介绍解决问题

在任何时候，你遇到的任何一个人都有可能在工作或生活中存在一些问题，需要他人的帮助，但是又碍于面子，羞于直接开口。

可能他们的团队需要新的成员，或者他们正在和家人商量着一起出国旅游，或者他们想要吃得更健康。总之，我们每天都在努力解决一些工作上的问题或者个人问题。

> 建立有效社交圈最好的方式之一就是把自己当作一个中间人，帮助他人解决问题。

然而，这不是让你随便给人提建议（千万别这么做）。相反，你应该优先考虑的解决方案是，能否介绍一个可以直接提供帮助的人。

如果你能成为一个中间人，把一个需要帮助和能够提供帮助的人联系起来，那么双方都会记着你的好。尽管你可能并不期待回报，但是说不定哪天你会需要他们的帮助。

不止“向右滑”

在交友软件中，当我们看到对方照片，会选择保留联系方式还是删除，这是件非常简单的事，但是我们很难像专业“红娘”那样思考。如果你换位思考一下，婚姻介绍所的工作人员总是会花时间去了解他们的雇主，不仅要了解他们的求偶动机，而且要剖析一下他们的世界观，以便找到最有可能与之契合的人。他们更善于发现人与人之间的关联之处。对于婚姻介绍所的工作人员来说，这是他们的工作职责，他们以此为生，自然内驱力十足。但对于我们来说，充当类似于“红娘”这样的角色，也许并不会给我们带来什么经济利益。但无论是兴趣也好，还是工作职责所在，抑或是一些其他方面的因素让我们有了去促成一桩美事的机会，何乐而不为呢？你不必被动地等着别人来向你求助，只要建立连接的时机合适、条件合适，就别“向右滑”，把握主动权，他或许就是对的人。

别挡路

有时候社交圈的建立只需要一个简单的介绍，人们有时候很难意识到，只有自己主动选择离开，你所介绍的双方才能更自如地展开交流。这可能会让你觉得自己被排除在外，但是有时候，他们确实需要一个没有你的场合进行沟通交流，建立彼此的连接。

不要一直担心，觉得自己会错过什么，如果你无法控制自己的思绪，不妨冷静地想一想，这是不是就好比你给别人推荐了一家餐厅，你总不能指望别人每次去那里吃饭都会邀你一起吧！

建立人与人之间新的连接和日常的人际交往一样，都需要留出适当的空间。你的不同圈子的朋友们最后也互相成为朋友，当然是很好的。可能有时候，他们之间的关系甚至比跟你的关系还要好。每当这种情况发生的时候，不要焦虑。你只需告诉自己，你也会碰到相似的情况，你也会在朋友的介绍下，认识新的、更要好的知己。

重新定义你的牛仔裤

培养自己的创造力

在很多行业里，都存在这么一种说法，一个公司里总是有两类人：一类人西装革履，另一类人穿着随意。前者多负责与钱财相关的事物，比如说管理公司的账户等；后者通常负责与创意相关的工作，为公司的整体发展出谋划策。

根据穿着对职位进行判断，我认为是有一定依据的。回顾我的职业生涯，我曾经在好几家世界知名的广告公司工作，这些公司为很多知名品牌，如英特尔（Intel）、家乐氏（Kellogg's）、福特（Ford）、国际商业机器公司（IBM）等策划过营销活动。

由于在不同的国家担任过不同的职位，我有幸可以尝试不同的穿衣风格：会见一些客户，我需要穿正装，而平时就可以穿得随意一些。我周围充斥着许多活生生的例子，他们的穿着总能向旁人暴露自己在公司的角色。当然，这一章并不只是关于“成功人士的穿着”，或者是我们应当如何穿着得体地去参加一个访问，这些是任何人都能告诉你的。

当我从澳大利亚搬回美国后，我在一个广告公司工作了 5 年，而我的穿衣风格是：一件破旧的牛仔裤，搭配一件时髦的衬衫；如果需要做简报的话，我也许会外搭配一件休闲西服，显得稍微正式一些。

而从 2004 年，我开始在华盛顿的一间较大的机构做团队管理工作，周围的同事多是保守人士，因此，即使没有着装要求，大家每天也都是西装领带，但实际上，在那样的办公环境中，休闲的穿衣风格也可以被接受，所以我依旧每天穿着牛仔裤。

直到有一天我被人力资源部警告，让我保证再也不穿牛仔裤上班了，否则可能会有被开除的危险。

我不穿牛仔裤的那段日子

我乖乖地选择了放弃牛仔裤，因为我需要那份工作。

我回到办公室，默默地关上了门（那是我第一次，也是最后一次拥有自己独立的办公室），开始专注于工作。我按时交付了自己所负责的项目，并召开了会议。但遗憾的是，随着装束的改变，我发现自己丢掉的不仅是牛仔裤，在无形中我也失去了创新的动力与热情。

在人力资源部给我下达最后通牒的几个月后，我接到了另一个项目，需要我每周和同事去纽约的办事处出差。在纽约的办公室，我发现人们穿着较为随意，都是自己随心搭配的，办公室的装修风格也较为开放，整体设计以鼓励大家创新为基调，更能给人以灵感。更重要的是，相比之下，纽约办事处的人员的工作稳定性更高。

所以，以后每次到纽约出差，我都穿着牛仔裤。我的穿着方式，便是我一天心情的写照。而通过这件事，我逐渐意识到，取得成功的另一个关键性因素是：灵感。

当我在一个相对舒适的环境中工作时，整个人的思路和想法都会不一样。比如，在会议准备方面，我觉得没有必要把互动的每一个细节都考虑得特别清楚，通过与大家的交谈，我会得到灵感。但如果是西装革履，我还会有这种感觉吗？对我来说，在那种环境下，我的答案是否定的。

穿着牛仔裤让我的工作有不一样的效果：首先，整体感觉更加舒服自如；其次，我更乐于敞开心扉，接受新的观点与想法。

当然了，对于一个每天需要构思各种各样想法的广告人来说，牛仔裤就是我的“工服”，我不要求所有人都和我看法一致，你也可以有属于自己的“工服”，只要你愿意，它甚至可以是一件医生穿着的白大褂。

白大褂效应

几年前，来自美国西北大学的几个研究员在《实验社会心理学期刊》（*Journal of Experimental Social Psychology*）上发表了一篇文章，文章指出，与那些未意识到自己穿着白大褂的学生相比，那些意识到自己正穿着白大褂的学生在工作时，表现出了更集中的注意力。但实际上，两组测试者的穿着是一样的。[16]

这就是所谓的“白大褂效应”。回到我们自己的日常生活中，大家可以思考一下，穿着的不同是否直接影响了你的自信心。很有意思的一点是这种由衣着激发出的自信，也直接影响了别人对你的看法，以及他们与你进一步的互动。

人生算法 14：如何激发更多的灵感

根据场合而不是规定来决定自己的穿衣风格

成功难道就是指在华尔街穿着牛仔裤？其实并不尽然。如果你那么做了，在那种环境下，也许反而很难受到重视。在这里，我希望大家了解的关键一点是，你的穿着是你融入所在环境的重要手段。不管我是多么不喜欢穿西装、打领带，或觉得这一身和自己的气场是多么不协调，但是，如果我需要和政府相关部门或者银行总部的工作人员开会做简报，我仍然会西装革履。因为这不仅是这种场合的规范要求，而且也是对客户尊重的一种体现。在日常学习或工作中，最重要的就是根据实际情况来判断。

找到一种可以展示自我的途径

当我按照规定，不得不放弃牛仔裤的时候，我所犯的最大错误，就是让穿着影响了我的日常表现。所以，无论处于任何环境，或者你有不得不遵守的着装要求时，你总能找到一种展现自我的途径。

你可以戴一副特别时尚的眼镜，或穿着运动牛仔靴，或穿着和上衣不搭的袜子。无论你的选择是什么，努力找到一种可以展示自我的方法，即使你的工作环境不提倡你这么做。这样能让你保持愉悦的心情，也能为你的工作带来很多意想不到的惊喜。

展现你的亲和力

工作中的灵感常常来自你乐于和周围的人，尤其是你不认识的人沟通、交流，更来自你以一种别人意想不到的方式展现你的亲和力。比如说，在一个小组讨论中，只要我发现周围有人落单，没有可以沟通的同伴，我都会邀请他们加入我这一组。我也会尽量确保自己不会挡住别人，或者用后背对着别人。

也许你觉得这些都是一些琐碎的小事儿，你不需要我来教你如何参加社交活动。但其实我的重点从不在这些琐碎的小事儿上。当我自己在社交的时候，比如说，邀请别人加入我们的讨论时，我意识到，友好的氛围能够吸引更多的人参与进来，也能让这些加入讨论的新人感觉轻松，更愿意融入这个大团队的讨论，而不是私下里单独与个别人沟通。这就是亲和力的力量！

帮别人“偷窃”

学会分享

2006年末，博客搜索引擎“科技文人”（Technorati）发布了2006年度最受欢迎的博客清单。清单内的前100篇文章中，除了一些在计算机高手和科技痴迷者内部转发的关于商业的文章外，几乎每一篇关于政治或科技方面的文章与以往的文章相比，其访问量都有所减少。

这是我在两年前开始撰写博客以来，一直密切关注的一份清单。截至2006年8月，我的博客每天约有25位访客，但我尽可能增加我的访客数量。

然而一夜之间，所有的东西都变了。

在2006年8月10日，我发布了一篇名为“社交媒体优化的5条规则”（The 5 Rules of Social Media Optimization）的文章。在文中我描述了一种全新的数字营销技术，它最终可能成为搜索引擎优化（Search Engine Optimization）必不可少的技术之一。几小时内，其他几位有较高关注度的营销博主分享了我这篇文章，甚至通过评论的方式将他们自己的建议添加到原文中。很快，原来的 5 条规则增至 17 条。[17]

不要让某些观点成为你的“专利”

在接下来的一周里，成百上千的人对这篇文章发表了评论。很多博主将这篇文章翻译成其他语言，并与其他国家的读者分享。所有这些关注量都可以在我的网站分析中清晰地看到：我的博客日均访问人数达到数千人。毫不夸张地说，我这篇关于社交媒体优化的博文已经在大众中被广泛地传播开了。

而只有在网络环境中，这一切才能成为可能，更多的人开始谈论和分享这篇文章。每天在网上都会有许多新的评论“@”我，通过谷歌可以直接查询这篇文章，点击量也在不断增长，甚至在维基百科上也有关于这篇文章的专门的条目——这代表着我提出的社交媒体优化的理念在网络世界中受到了广泛认可。

这些关注，意味着我将面临新的选择。

我是否应该去宣布这个理念是我提出的？这样我就成了社

交媒体优化的创始人，然后将我的博客转型，专注于研究与推广这一理念。我应该去请一个律师然后申请商标吗？这就表示我“拥有”了这个理念，毕竟我写博客的时间已经足够长了，我很清楚地知道这一切意味着什么。唯一的问题就是，我也很喜欢写一些其他的内容，我实在无法想象自己只把关注点放在一件事情上！

所以我做出了与之前的想法完全相反的决定。

我在原文的基础上，添加了别人的建议，重新发表在我的博客上。同时，我邀请其他人加入，重新编排，再把新的版本予以分享。我邀请任何对这个理念有兴趣的人，随意表达他们自己的观点。几个月后，由于最初的文章被多次引用，它成为年度最受欢迎的100篇博文之一，也是其中为数不多的商业类文章。

在那之后，每个月都会有数以千计的人访问我的博客，然后读一些有关社交媒体优化的文章，有些人还同时订阅了其他方面的文章。由于拥有较高的浏览量，我的博客被《广告时代》（*AdAge*）杂志评选为年度二十五大营销博客之一，甚至被刊登在《华尔街日报》（*Wall Street Journal*）上。

两年后，归功于我博客的热度和粉丝的稳定增长，我成功地和麦格劳–希尔公司签约，那可是全球最大的出版商之一，我的第一本书也得以出版发行。

成为互联网名人

从我的经历可以看出，若想在网络上占据一席之地，需要广泛的传播！

在过去的10年中，得益于互联网的发展，作家、音乐家、娱乐界人士以及其他相关行业的人都收获了更多的粉丝和关注度。无论是像艾德·希兰（Ed Sheeran）这样的音乐家，还是像莉莉·辛格（Lilly Singh）这样的喜剧演员，他们都会保持一定量的曝光度，比如公开分享一些观点与想法，而他们的粉丝则很乐于做这类信息的传播者。

回到我自己身上，正是由于我乐于分享社交媒体优化这一理念，并且允许所有人使用或借鉴它，我的名声才得以提高，也有了自己固定的阅读群体。它帮我脱颖而出，创造了自己的个人品牌，与优秀的营销人员建立合作关系，进而与一家顶级出版公司达成了高达五位数的图书交易。现在，是否有人将我与社交媒体优化这一理念联系起来已不再重要。我相信，在公众的关注下，这个理念已经被不断地发展、完善，如果我当初自私地将它据为己有，我也就不会有今天的成功了。

人生算法 15：如何分享

拥抱第一个关注你的人

著名的企业家德雷克·西弗斯（Derek Sivers）在关于领导力的演讲中，展示了一个人在草坪上疯狂跳舞的视频，以及这段视频是如何被成千上万的人竞相模仿。随后，他对这个视频加以解释，指出人们经常忽视第一个关注自己的人。而那个人往往有着能把孤独的疯子变成领导者的能力。他播放的简短的视频和他的精彩演讲，给我们呈现了一个清晰的观点：如果你想广泛地传播自己的观点，一定要找到这个人，并且与他合作，一起去完善你的想法！

让参与变得更简单

如果想让自己的想法得以广泛传播，一定要简化分享或参与的过程。当汤姆布鞋（TOMS Shoes）的创始人布雷克·麦考斯（Blake Mycoskie）第一次创立自己的品牌时，有一个非常好的点子：如果有人购买了他们家的鞋子，他就会自动为贫困的人捐一双同样的鞋子。无论顾客购买的是哪一款产品，无须多余的步骤，就能为慈善事业出一份力，这也能让他们产生深深的满足感。10 多年后，MBA（工商管理学硕士）课程已经开展了针对这种一对一的慈善模式的应用研究，而这种方式也被许多其他零售商和慈善组织广泛采用。[18]

欢迎新观点地融入

当新人接受你的观点并与他人分享时，他们总会在其中融入自己的想法。大型网上社区 Quirky.com 就充分地利用了这一点。Quirky.com 的运营模式是将网站设定为发明家与推销商平台，发明家可以将自己的构思和创意发布在网上，再鼓励网友提出意见，从而做出改进，最后当发明家的创意变成真的成品之后，网站也会协助推销，通常是铺货到零售商，或在自家网站上销售。这个网上社区的强大之处在于，每个人都参与了这个产品的设计，从最初的设计者到给该产品命名提供建议的网友，每个人都是参与者，每个人都将自己的想法融入其中，每个人都是产品发布后的赢家。

为什么大多数建议都没有用？

如果写一本关于成功学的书，其中一般都会对成功的每一步进行详细介绍，至少有一章一定会介绍犯错带来的益处。成功人士总喜欢把他们曾经犯过的错误，或者他们从工作和生活中吸取的教训传奇化。

但我写的这本书不是一本介绍失败的书，更不是一本介绍如何从错误中汲取教训的书，如果一定要为它定个主题的话，我们可以把它归类为一本指导读者如何去避免错误的书。

为什么错误总是被过度强调？

有人也许会产生疑问：俗话不是说“失败是成功之母”吗，难道犯错不是取得成功的重要因素吗？针对这个问题，相信大部分人都会给出肯定的答案。事实上，我们能听到此类分享的大部分场合都集中在毕业典礼上。

如果在视频网站上搜索最热门的高中或是大学的毕业演讲，你会很快发现，有四类建议总是被反复提到。

1. 敢于冒险。

2. 不轻言放弃。

3. 跟随自己的兴趣。

4. 学会犯错。

但你想过没有，如果有时候，这些建议反倒会给我们带来不好的结果呢？

以“敢于冒险”这条建议为例，有的冒险确实有必要，但是那些可以预见到的对金钱和时间造成浪费的冒险呢？

此外，放弃尽管不受推崇，但是如何在适当的时候学会放弃，却是我们生活中必备的技能之一。

说到兴趣，能够做自己感兴趣的事固然很好，但是抹杀我们对其热情的方式之一就是失败后我们不得不承受惨痛的代价。

前三条建议都是积极的，鼓励我们去尝试。现在我们再一起看一看关于犯错的建议。

鼓励别人去犯错是不是有点让人无法理解？为什么有人愿意去犯更多的错误呢？

犯错的成本有高有低

当然了，那些成功人士一直强调犯错的重要性，是因为他们谨记了他们所犯的大错误，以及他们从这些错误中汲取的教训。到目前为止，并没有人针对那些看似愚蠢但也毁了自己心血的小错误做过任何演讲或写过什么书。但那些错误才是让我们抓耳挠腮、捶胸顿足，感叹自己怎么会如此愚蠢的关键所在。

举个例子，当我第一次被邀请到巴西做演讲时，我非常兴奋。我终于有机会可以游览巴西了，它一直是我向往的国家之一。而我直到要上飞机的当天才意识到，我居然还没有办理去巴西的旅行签证，在此之前，我甚至都没有考虑过这件事。航空公司不允许我登机，我像傻子一样错过了这次重要的演讲，更糟糕的是，我不得不退还已经支付给我的演讲费用，也让我的客户失望之极，我当时真的觉得自己太愚蠢了。

正如你所想的，这次经历让我养成了每次出门之前都反复检查签证的好习惯。但是，我多么希望我并不是通过这样的事情得到的教训，宁愿是我的第一份在澳大利亚管理网站工程的工作给自己提了这样一个醒。

项目管理在生活中的应用

作为一个管理设计师和程序员团队的项目经理，我学会了两个关键词：截止日期（deadlines）和因变量（dependencies）。

每个人都关注截止日期，但因变量才是决定你进度的关键。项目中的每个任务通常都有首先要完成的事。例如，在网站设计未获得批准之前，我们是无法开始对网站整体进行创建工作的。如果设计未通过，那么网站的整体建设就会被延迟。设计方案就是变量。

现在想象一下，你有一个项目，你需要组建一个十几个人的团队来完成500个任务，每个人任务的完成都取决于其他同事所做的工作。这时就相对复杂一些，特别是多个项目同时进行的时候。

我发现，没有一个项目经理会设计一个全新的时间轴。实际上，他们都是把之前项目的时间轴直接拿来用，再通过增加或者减少任务量使其适用于当前这个项目。

现实生活也是如此。我们总是利用他人的观点、建议或生活技巧来解决自己的问题。如果你读了这本书，或许会有所感悟，但是，大多数人也许从未想过这个问题。

最后一课

当你用手写字的时候，你通常是从左向右写。那么左利手遇到的问题是，在书写的时候手总会把墨迹蹭花。这正是只有左利手才会考虑的问题。

左利手寻求多种方式来解决这个令人头疼的问题。有些人会训练自己，改变手腕的角度来进行书写；还有一些人会把纸翻过来写。有个企业家甚至发明了一个手套，叫“防蹭花卫士”（SmudgeGuard），专门防止手把墨迹蹭花。

有些左利手们会说，这有什么值得大惊小怪的，我们可以直接用铅笔啊！而本书的写作，就是为了让读者认识到换个角度思考问题的重要性。

后 记

4年磨一剑

我只用了 3 个星期的时间就完成了这本书的初稿。然后我把它上传到网上，有超过 20 000 人下载并阅读。

然后我就思量着这是个赚钱的好机会，于是我在网上标了价格，以每本 99 美分出售电子版，结果大约有 5 000 人下载并购买，那是 2013 年。

随后的 4 年我就一直把它挂在网上出售。

当我再回头看这本书时，我意识到它还有许多地方需要补充和修改。于是我花了一年的时间进行修改，包括重写部分章节，对个别地方加以拓展，重新编辑文字。闲余时间，我还编写和出版了另外一本书《非显著趋势》（*Non-Obvious*），但这本书却一直处于修改中。

你们一定听过很多会被描述为“爱的劳动”（labor of love）

的事物，说实话，我重新编写这本书，一半是出于爱，一半是因为急切的必要性。

你们现在看到的版本比原稿多了将近 30% 的内容，其中有很多章节是新添加的，包括 4 个主题的分配，以及一些小贴士的编辑、更新，或者是内容的重新编排等。

我将出版这本书的心路历程分享给大家，首先是想让读者明白，为什么网上会有这本书的其他版本，以及为什么这本书的封面上标记了最新版本。

4 年前，我刚刚写完这本书并在网上出售的时候，内心还是十分紧张和激动。

现在终于有机会重新编辑此书，并能把当初心中所想予以完整地表达出来，怎能不更加紧张激动！

能拥有第二次机会是一件多么美好的事情！希望大家读完这本书后，能产生和我一样的想法。

附 录

资源清单

21本值得你阅读的书

读完这本书，相信你们都知道了我的一个观点：生命太短暂，不要把阅读时间浪费在你感到无趣或者没有价值的书上。为了帮助你去甄选最好的书籍，下面是我从成百上千的图书中精挑细选的一个清单。

由于这个清单一直在更新，所以你也可以登录我的个人网站 www.rohitbhargava. com/bookstoread 查看最新的图书清单。

1.《颠倒思考题》(*Whatever You Think, Think the Opposite*)，保罗·亚顿（Paul Arden）

这本书的作者是在一个传奇的英国广告公司担任创意总监的保罗·亚顿，书中生动地诠释了英文形容词“cheeky”（厚脸皮的）的内涵。作者提供了很多极富挑战性的警句、格言和一些看似矛盾的道理，比如“先行动后弥补”等，大胆地颠覆了我们的工作观与世界观，企图修正我们之前的想法，从而让我们在工作中更乐于冒险，并乐享其中。

2.《人性的弱点》(*How to Win Friends and Influence People*)，戴尔·卡耐基（Dale Carnegie）

尽管这本书的写作风格和引用格式都已经有些过时了，但这丝毫不妨碍它成为风靡全球的经典著作之一。该书汇集了卡耐基的思想精华，能帮助你解决所面临的各种问题：如何展示自我，如何进行公众演讲，如何在社会交往中与人打交道并有效地影响他人，等等。卡耐基通过这本书传递了一些处世的基本原则和生存之道，适应性极广，既无时间限制，也无年龄限制，是我们每个人都应该学习的人生必修课。

3.《CEO 说：人人都应该像企业家一样思考》(*What the CEO Wants You to Know*)，拉姆·查兰（Ram Charan）

我在前文说过，成功的商人通常都有大局观，能够看到全面的情况，而不是只将注意力放在自己的专业领域。这本书的作者，著名的首席执行官拉姆·查兰认为，无论目前你的职位如何，都可以通过学习企业经营的关键要素，如经商常识、思维框架和商业语言等，学会如何透过复杂的表象看到商业的本质，化繁为简，培养一定的商业思维方式。

4.《清醒思考的艺术》（*The Art of Thinking Clearly*），罗尔夫·多贝里（Rolf Dobelli）

这本书在德国出版后，很快就登上畅销书榜。这个新的英译版本，保留了原作中 99 个较短的章节，通过这些小故事，罗尔夫·多贝里向英语读者们形象地描绘了人到底是如何做出决定的。如果你更喜欢读一些短小精湛，而不是长篇大论的文章，那你一定会喜欢这本书的排版和写作风格的。

5.《看见成长的自己》（*Mindset*），卡罗尔·德韦克（Carol Dweck）

你也许还没有意识到，思维模式是如何影响我们取得成功的。斯坦福大学行为心理学教授卡罗尔·德韦克，经过数十年研究，终于出版了这本具有开创性的著作。他在书中提出了两种思维模式：僵固式思维模式和成长式思维模式。前者倾向于认为人的能力无法改变，而后者则认为人的基本品质可以通过努力不断提高。 通过此书你可以了解这两种思维模式的区别，从而帮助我们换一种角度看待我们的生活。

6.《请假装你关心》（*Pretending You Care*），诺姆·芬迪（Norm Feuti）

本书以一种幽默的方式向读者展示了商场中存在的一些显著问题，并向读者支招，该如何处理这些问题，比如说，怎么对付麻烦的顾客或是无法沟通的同事，如何假装对商品的特征和功能了如指掌，等等。本书的作者诺姆·芬迪是一名漫画家，他也曾从事相关的服务工作，而且还是个名人，如果你也是这行的一员，一定对这个名字再熟悉不过了。请你务必要读一读此书，因为它能给你带来工作上的启迪，至少，它能教会我们如何带上微笑的面具对待每一位顾客！

7.《讲述铸就成功》（*Tell to Win*），彼得·古贝尔（Peter Guber）

此书是好莱坞制作人彼得·古贝尔回顾自己的职业生涯所写的一本回忆录。他从一个电影制作人的角度向读者展示了故事对于人们的巨大影响。书中讲述了他与朱迪·福斯特（Jodie Foster）拍摄电影《超时空接触》（*Contact*）的花絮，还讲述了大卫·科波菲尔（David Copperfield）是如何成为一名迷人的演员和魔术师的。读这本书就像带领观众站在幕后观看电影是如何拍摄和上映的，也因此可以让观众认识到剧本的重要性。

8.《让创意更有黏性》（*Made to Stick*），奇普·希思（Chip Heath），丹·希思（Dan Heath）

你大概已经猜到了，因为与这本书的渊源，让我变成了它的超级粉丝，但是它的价值可远不止那个帮我渡过难关的书皮。这本书研究透彻，内容引人入胜，全方位地介绍了许多对我们的工作有益的经验。

9.《好点子都是偷来的》（*Steal Like an Artist*），奥斯丁·克莱恩（Austin Kleon）

这本书最大的优点在于浅显易懂。尽管读者也许不是设计师，或许并不从事需要创造力的工作，但是平面设计师奥斯丁·克莱恩用反直觉这一思想理念激活了他们的创造力。在“无聊的反面”和“新颖的真正内涵”等章节，作者向我们展示了艺术家思考问题的角度，无论你觉得自己是否有艺术细胞，我们都能将这些想法运用到实际生活中。

10.《爱因斯坦的梦》（*Einstein's Dreams*），阿兰·莱特曼（Alan Lightman）

该书作者是美国麻省理工学院物理学教授阿兰·莱特曼，他从物理学家的角度虚构了爱因斯坦的若干个梦。尽管这本书主题看似具有学术性，但是内容非常有意思。作者行文曼妙，语言如诗如画。在爱因斯坦的那一个个“梦”中，读者会对时间本身，以及如何利用时间有更深层次的感悟。不仅如此，这本书还改变了我思考人生的方式，因此，它一直是我向周围人推荐最多的一本书。

11.《痛点》（*Small Data*），马丁·林斯特龙（Martin Lindstrom）

从这本书中，你可以学到一些不一样的东西，本书的作者马丁·林斯特龙一年中的大部分时间，都用于周游各国，住在陌生人的家里，作为一名消费者调查研究员，他有很多实地考察的机会，尽管这些商务旅行让人筋疲力尽，但是他却从中观察到世界不同地方的风土人情。这本书不仅向我们展示了不同文化中很多奇妙的小细节，更向我们说明了用正确的方法观察世界的重要性，它能帮我们解读消费者的日常行为和消费习惯。

12.《疯狂的独角兽》(*Disrupted*)，丹·莱昂斯（Dan Lyons）

如果你曾经被硅谷提出的“工作场所，食品免费”的乌托邦愿景所迷惑，那么你可以醒醒了。这本书从人种学的角度阐述了这个想法的不可行性。在书中，记者丹·莱昂斯记录了他作为办公室年纪最大的人，在一家发展迅速的创业公司的工作经历。同时也解释了为什么现代公司会向员工许下这么多无法实现的承诺。此书向读者展示了如果一个公司无法正常运作的严重后果，以及为什么很多人在非人性化的管理中渐渐失去了对工作的热情。那些还在职场打拼的人，通过阅读此书一定能找到心灵的共鸣。

13.《聪明人的心理学》(*You Are Not So Smart*)，大卫·麦克雷尼（David Mcraney）

这本书有各自独立的章节，每个章节都根据作者多年来的心理学研究成果写作而成，以故事的形式向读者阐述一个生活哲理。无论你是长途还是短途旅行，都可以细细品味每一章，它也是对我们自己的一种提醒，无论我们多么聪明，在这个广博的世界中，还有很多我们不知道的事情。

14.《全新销售》(*To Sell Is Human*)，丹尼尔·平克（Daniel Pink）

很多人都不喜欢被人称为“像个销售员”，觉得这听起来像是种侮辱。我们都见识过那种穷追不舍的销售员（尤其是男销售员）。如果你对销售员有这样的偏见，那么这本书会改变你的刻板印象。不过在读这本书前，你要把自己想象成一个销售员。因为无论喜欢与否，在这个永不休眠的世界里，人人都是销售员。无论销售的是一件商品，还是说服别人认可一个观点，我们总会碰到需要我们去销售的情况，不要因此就觉得自己的社会地位降低了。书中提到的销售原则和技巧，能帮助你在那种场合下从容应对，而不是变成一个人人避之不及的销售员。

15.《我可以让你富》（*I Will Teach You to be Rich*），拉米特·塞希（Ramit Sethi）

该书的书名和作者的博客名一致，旨在教会读者如何理财。无论你年纪多大，或是多么有理财头脑，你都会佩服塞希严肃的处理问题的方式，比如，如何偿还信用卡费用，什么样的投资方式风险较大，等等。总之，这本书会从赚钱、存钱、花钱和预估价值等方面改变你对理财的看法。

16.《救猫咪：电影编剧宝典》（*Save the Cat！*），布莱克·斯奈德（Blake Snyder）

你也许不会相信，这本书中展现了惊人的洞察力，它灵活地引用了电影制作人使用的 12 种不同的故事结构，揭开了电影的神秘面纱。我第一次看到这本书，是在参加剧本写作学习班的时候，这本由著名剧本创作人布莱克·斯奈德编写的书，彻底改变了我对故事架构的想法。该书无论对新手还是拥趸者，都提供了能够理解并付诸实践的方式，为读者提供了好莱坞著名的编剧使用过的剧本创作公式。令人悲伤的是，2009年布莱克去世了，但是他的观点和想法是不受时间影响的，同时也会改变我们看待剧本的态度，或是让我们对之前看过的电影心有戚戚。

17.《把妹达人》(*The Game*)，尼尔·施特劳斯（Neil Strauss）

这本书不仅揭露了搭讪艺术家和他们使用的那些引诱女性的小伎俩，还针对安全性、性别动态、成就魅力所需要付出的代价等话题进行了深入的探讨。无论你的性别是什么，你都会对书中的故事有所感触，甚至是有所憎恶，但是这本书不止这样，它还告诉我们如何运用手段去操控他人。在一个充满了虚假新闻和骗子的时代，学会如何甄别周围潜在的危险因素，能让你在一定程度上避免受到不必要的伤害。

你一定要买的几本书（总有一天用得上）

除了以上这些图书，还有一些在我书架上的书我想推荐大家购买。你也许并没有读过其中任何一本，但是你会发现，下面我所推荐的这些书，至少一年能有一次帮助你解决困难，或者能帮助你换个角度思考问题。为了这些益处，你都应该买下它们，放在你家的书架上以备不时之需。就把它们当作是我推荐的“后备”书目吧！

18.《商业词汇大全》(*Words That Sell*)，理查德·巴彦(Richard Bayan)

你是否在斟酌如何表达自己的想法，想通过谷歌去搜索合适的用词，但出现的条目太多，导致你不知选择哪一个当作最恰当的表达?这本书会帮你解决这个问题。正如书名所示，这本书收录了最有效的销售用语，包括最能影响消费者的词语、词组等。无论你是想要构思一篇有说服力的邮件，还是一封求职信，它都是一本你不可错过的书。

19.《沟通：用故事产生共鸣》(*Resonate*)，南希·杜阿尔特(Nancy Duarte)

如何让一个演讲更有感染力?我认为，没有人比南希·杜阿尔特和她的团队研究得更透彻了。在这本书中，作者分享了她针对成功的演讲所做的研究，她对世界著名的演讲进行了分解，为读者总结了如何准备一个成功演讲的公式。如果你需要准备一次生动有效的演说，杜阿尔特将告诉你如何通过故事去吸引观众、感染观众，并与他们产生共鸣!

20.《排版设计》(*Thinking With Type*)，埃伦·勒普顿(Ellen Lupton)

这本书是视觉设计者的“宝典”，我一般都会推荐给我的学生，让他们通过此书来学习如何进行合理的布局和平面设计。毕竟我们不能总依赖身旁一直有个设计师为你解决问题，有时候你只需要学习如何去设计一个属于自己的文稿，而这本书会提供你需要遵循的原则，帮助我们实现这一目标。

21.《餐巾纸的背后》（*The Back of the Napkin*），丹·罗姆（Dan Roam）

这本书想要告诉我们，所有的问题都可以通过画画来解决。别担心，你不用具备什么绘画技巧，只需要按照作者的指示，亦步亦趋，就可以学会视觉化思考的技巧，用以简化并解决复杂问题。

想了解我推荐的最新书单吗?

请访问 www.rohitbhargava.com/bookstoread

接下来做什么呢？

如何保持好奇心

现在你已经读完了这本书，我有一些建议，可以帮助大家在日常生活中保持一颗好奇心。

第一步，不要只浏览那些被精心挑选出来的故事，或是朋友分享在社交网络上的文章，真正的好奇心源自略过这些流量文章，增加我们阅读的广度。

我每周都会花 6 个小时来阅读故事和几百个与国际新闻有关的大标题。这个习惯不仅能让我对每年 12 月份出版的《非显著趋势》进行最新的趋势分析，更是我掌握各式各样话题的有效手段。

当然，我知道你们当中的大部分并没有像我这样的动力来把大部分的时间花在阅读上，或者像我这样制定一个如此详细的阅读计划。

除了这本书之外，每周我都会分享 5~7 个虽然小众但是很有意思的商业故事，在注释中我会分析每个故事的内涵并分享原文章的链接。

每周二早晨，我都会将收集总结的这些小秘诀，通过邮件发给我的上万个读者。

如果你也感兴趣的话，请登录网站

www.rohitbhargava.com/subscribe 进行订阅！

本书的现实价值

这本书很严肃吗?

看完目录或者封面的描述，你一定会觉得这本书分享的这些人生算法很讽刺。

你会觉得，我居然建议你开始抽烟，或者当一个异装癖，或者去打断别人说话，我一定太夸张了吧?

可是我并没有。

但如果你这么想了，那么我猜你一定还没开始读这本书，或者你直接跳到了你好奇的章节上阅读。这没问题，因为我可能也会这么做。

所以，我要澄清一下，书中的每一个人生算法都很严肃，并且我特意用了特别的表达方式，因为我想吸引你深入了解它们背后的故事。

任何一本有关成功学的书都会告诉你去做自己喜欢的事，

或者要更有自信。但没有一本书会告诉你打断别人说话的好处，或者成为异装癖确实能让你更共情，或者告诉你讲更好的故事能让更多的人感动。

这些都是好的方面。

所以，既然你已经知道这本书里面的故事和人生算法都是严肃的，那么我希望你可以从头开始读这本书。因为我考虑到这本书的介绍方式，我为那些可能从一本书的最后一章开始读的，或者不是那么有耐心的读者做了这个准备。

我知道，你跳到这里看这个说明就是因为我跟你一样。如果我们这点相同，那么我猜你也想看看我们还有哪些地方是一样的。只有一个方法能知道：花点儿时间读这本书。

参考文献

1.《每周工作 4 小时》，蒂莫西·费里斯

The 4-Hour Workweek：*Esape 9-5*，*Live Anywhere*，*and Join the New Rich* by Tim Ferriss

2.《深度生存》，劳伦斯·冈萨雷斯

Deep Survival：*Who Lives*，*Who Dies*，*And Why* by Laurence Gonzales

3.《活出最乐观的自己》，马丁·塞利格曼

Learned Optimism：*How To Change Your Mind And Your Life* by Dr. Martin Seligman

4.《当我不再说话的时候，你就知道我死了》，杰瑞·温特劳布

When I Stop Talking，*You'll Know I'm Dead*：*Useful Stories From A Persuasive Man* by Jerry Weintraub

5.《摇摆》，奥瑞·布莱福曼、罗姆·布莱福曼

Sway：*The Irresistible Pull of Irrational Behavior* by Ori and Rom Brafman

6.《怪诞行为学》，丹·艾瑞里

Predictably Irrational：*The Hidden Forces That Shape Our Decisions* by Dan Ariely

7.《政治头脑》，德鲁·韦斯滕

The Political Brain：*The Role of Emotion in Deciding the Fate of the Nation* by Drew Westen

8.《讲述铸就成功》，彼得·古贝尔

Tell To Win：*Connect*，*Persuade*，*and Triumph with the Hidden Power of Story* by Peter Guber

9.《精英的人格魅力课》，奥利维娅·福克斯·卡巴恩

The Charisma Myth：*How Anyone Can Master the Art and Science of Personal Magnetism* by Olivia Fox Cabane

10.《允许被说服》，艾尔·比坦帕里

Persuadable：*How Great Leaders Change Their Minds to Change the World* by Al Pittampalli

11.《餐巾纸的背面》，丹·罗姆

The Back of the Napkin：*Solving Problems and Selling Ideas with Pictures* by Dan Roam

12.《让创意更有黏性》，奇普·希思

Made To Stick：*Why Some Ideas Survive and Others Die* by Chip and Dan Heath

13.《别独自用餐》，基思·法拉奇、塔尔·雷兹
Never Eat Alone：*And Other Secrets to Success*，*One Relationship at a Time* by Keith Ferrazzi and Tahl Raz

分享本书的三个理由

到这里，差不多已是本书的结尾了。我希望大家读完这本书后，能把书中提到的 15 个人生算法分享给你的朋友、家人、同事或是学校的学生。为什么呢？

原因一：授人玫瑰，手有余香

一本好书就像是一剂良药，有的人忽略书中的价值，聪明的人会从书中汲取知识，而智者会将自己所读的书与他人分享。授人玫瑰，手有余香，你的分享与推荐，不仅能让他人有所收获，还有助于提高自己的影响力。

原因二：启发他人，受益自己

无论是工作还是生活，每个人的身边总有些让人无法忍受的人，你们交际中的鸿沟，看似无法跨越，但有时说不定书中的某个观点、某个想法，就能充当彼此的桥梁。大家要记住，他们和愚蠢的人不同，读书也是他们日常生活的一部分，如果你幸运的话，这本书也许能给他们带来启发，让其成为更容易相处的人，这样你的日子相对来说也会好过一些。

原因三：你可以帮我挣钱

好吧，最后一点是与我自己息息相关的，我的工作涉及与咨询相关的内容，我喜欢帮助别人，同时这也是我的收入来源。如果你喜欢这本书，我保证你也会喜欢与我一起共事。如果你觉得这本书的内容对你所从事的工作有益，请直接与我联系，我们可以一起讨论后续的合作事宜。

致 谢

对于一本写了 4 年的书来说，去寻找想要致谢的人是一件再轻松不过的任务了。一般来说，大家都习惯性地把最想要感谢的人放在最后，而我却想在开头就向我最爱的妻子查维（Chhavi）表达我最诚挚的谢意。

她一直是我最好的搭档，给我灵感，帮我一句一句地编辑初稿，同时和我一起经营着出版公司。我曾在我的第一本书的致辞页开玩笑地写到，她只是“养育我们两个孩子的合伙人”，10 年后我才发现她在方方面面都扮演着合伙人的角色，这是一个很美好的事情。

这本书让我有机会再次与特里・迪尔（Terry Deal）合作，在编辑方面，她努力改进本书的初稿，使得这本书比之前的版本更优质。

在我们做封面设计的时候，克里斯蒂・杨（Christie Young）的工作效率和艺术造诣使这一过程变得明快而有趣。

并不是每个设计师为了直观地说明一个概念，都会在烤箱里烤泥塑。尽管我们最终并没有使用那个版本的封面，但到目前为止，我的其他书籍的设计过程都没有这么有趣。

安东·霍达科夫斯基（Anton Khodakovsky）用完美、快速、专业的排版，林赛（Lindsay）和桑迪（Sandy）的打磨和细节处理，让这本书尽可能地专业。

我最棒的项目经理玛妮·麦克马洪（Marnie McMahon），对整个出版过程进行监管，按时完成工作、保证项目规范，并能确保许多小细节不出错，他专门处理遇到的所有问题，同时确保我们其他项目都以相同的速度向前推进。

我还要感谢里奇·塞尔比（Rich Selby），他是我完成巨大工作量和处理各种细节时不可多得的力量。他愿意成为我的合作伙伴，并提供专业知识和奉献精神，他比他自己想的更有价值。

当我说“本书中的建议是你不希望从父母那里听到的”的时候，我也不例外。但是这也让我对他们更加感激，因为他们帮我为自己学习。

在本书准备印刷发行的时候，我也列了一个名单，感谢那些聪颖的年轻人，他们加入我们这个团队，帮助我推广这本书。所以，特别感谢这些人：

阿卡什·巴尔加瓦（Akash Bhargava）、贾里德·赫希（Jared Hirsch）、起灵·辛格（Kirin Singh）、尼哈·巴尔加瓦

（Neha Bhargava）、安贾利·卡拉（Anjali Kalra）、维拉杰·苏瑞（Viraj Suri）、维莎·巴尔加瓦（Varsha Bhargava）、苏里亚·梅塔（Surya Mehta）、安娜·威德曼（Anna Weidman）、杰基·克里斯（Jackie Chris）、拉美西斯·卢比奥（Ramses Rubio）、张依依、阿琼·菲舍尔（Arjun Fischer）、尼古拉斯·萨布瑞（Nicholas Sabri）。

我还要特别感谢帕雷什·沙阿（Paresh Shah），因为她不仅阅读了本书的早期手稿，还给出“这本书糟透了”这种近乎率直的真实反馈，其实每个作者都需要听到这样善良和乐于助人的意见。

最后，我要感谢帮助塑造本书中的见解而并没有意识到这一点的许多学生和同事。这本书中的见解都来自我自己的生活经历，所以我的学生和同事拥有同样的价值。我很幸运我有这样的生活经历，这也最终很好地促成了这本书的出版。

注　释

本书的注释并不会像其他书那样无聊，将引用的成百上千的一次文献和二次文献一一列出来，况且这本书里面很多的第一手资源都来自现实生活。

我所列出的是一些在文中提到的研究报告和文章，如果读者感兴趣，或者是有任何疑问不解的，都可以通过以下引用说明看到全文。

1. To watch a video where I share this story in a live talk on stage, visit https:/ /youtu.be/ThFJ76L7MB4.
2. Malone-Kircher, Madison. "James Dyson on the 5, 126 Vacuums That Didn't Work and the One That Finally Did." *The Vindicated.* N.p., 22 Nov. 2016. Web. 23 Feb.2017.
3. "How To Be Resilient : 8 Steps To Success When Life Gets Hard." *Barking Up The Wrong Tree.* N.p, 14Jan. 2015. Web. 23 Feb. 2017.
4. Bilton, Richard. "Apple Failing to Protect Chinese Factory Workers'." *BBC News.* BBC, 18 Dec. 2014. Web.23 Feb.2017.
5. Lebowitz, Shana. "From the Projects to a $2.3 Billion Fortune-the Inspiring Rags-to-Riches Story of Starbucks CEO Howard Schultz." *Business Insider.* Business Insider, 30 May 2015. Web.23 Feb. 2017.
6. Baird, Frank. "Frank Baird, Walk Founder | Walk a Mile in Her Shoes®." *Frank Baird, Walk Founder | Walk a Mile in Her Shoes®.* Frank Baird, n.d. Web.23 Feb.2017.
7. Johnson, Dirk. "A $42 Million Gift Aims at Improving Bedside Manner." *The New York Times.* The New York Times, 21 Sept. 2011. Web.23 Feb. 2017.
8. Wharton School of the University of Pennsylvania. "Just-in-Time

Education: Learning in the Global Information Age." *Wharton.* Wharton School of the University of Pennsylvania, 30 Aug. 2000. Web. 23 Feb. 2017.

9. Allison, Melissa. "Retiring CEO of Costco Takes a Look Back on His Legacy." *The Seattle Times*. The Seattle Times Company, 21 Dec. 2011. Web. 23 Feb. 2017.

10. "Cinnamon Bird." *Wikipedia.* Wikimedia Foundation, 26 Mar. 2016. Web. 23 Feb. 2017.

11. Jr, Keith Nelson. "Ellen Degneres Beats out Fallon, Colbert as America's Favorite Talk Show Host." *Digital Trends.* N.p., 22 Jan. 2016. Web. 23 Feb. 2017.

12. Stevenson, Seth. "How to Succeed in Business: Hone Your Improv Comedy Skills." *Slate Magazine*. N.p., 30 Mar.2014. Web. 23 Feb. 2017.

13. Psychol, Appl. Cognit. "Consequences of Erudite Vernacular Utilized irrespective of Necessity: Problems with using Long Words Needlessly." (www.nterscience.wiley.com) *DOI: 10.1002/acp.1178 Consequences of Erudite Vernacular Utilized Irrespective of Necessity: Problems with Using Long Words Needlessly*(2005): 1-18.31 Oct. 2005. Web. 23 Feb. 2017.

14. Strong, W.F. "The Airline That Started With A Cocktail

Napkin." *Texas Standard*. N.p., 20 Apr. 2016. Web. 23 Feb. 2017.

15. Staff, NPR. "Don't Believe Facebook ; You Only Have 150 Friends." *NPR*. NPR, 05 June 2011. Web. 23 Feb. 2017.
16. Hajo, Adam, and Adam D. Galinsky. "Enclothed Cognition." *Enclothed Cognition*. N.p., July 2008. Web. 23 Feb. 2017.
17. Bhargava, Rohit. "5 Rules of Social Media Optimization (SMO)." *Influential Marketing Blog*. N.p., 10 Aug. 2006. Web. 23 Feb. 2017.
18. Watch the full TEDTalk from Derek Sivers - https://youtu.be/V74AxCqOTvg.